全国普通高等学校机械类"十二五"规划系列教材

机械设计基础课程设计

主　编　郭瑞峰　王凤梅　胡　星

U0303228

华中科技大学出版社

中国·武汉

内 容 提 要

　　本书是根据教育部实施的"高等教育面向 21 世纪教学内容和课程体系改革计划"的要求及高等工科院校《机械设计基础课程教学基本要求》的精神编写的。

　　本书主要针对近机类和非机类专业学生,重点阐述了单级直齿圆柱齿轮减速器的设计内容和过程,选编了相关的最新机械设计标准。除概述外,主要内容有:机械传动系统的总体方案设计、传动装置的设计计算、减速器的结构与润滑、减速器的结构设计、零件工作图设计、计算说明书编制及相关标准与规范。

　　本书可供高等工业学校近机类、非机类各专业进行机械设计基础课程设计时使用,也可供其他各类学校有关专业及技术人员使用或参考。

图书在版编目(CIP)数据

机械设计基础课程设计/郭瑞峰,王风梅,胡星主编. — 武汉:华中科技大学出版社,2015.1(2023.1重印)
ISBN 978-7-5680-0632-3

Ⅰ.①机…　Ⅱ.①郭…　②王…　③胡…　Ⅲ.①机械设计-课程设计-高等学校-教材　Ⅳ.①TH122-41

中国版本图书馆 CIP 数据核字(2015)第 031187 号

机械设计基础课程设计　　　　　　　郭瑞峰　　王风梅　　胡　星　主编

策划编辑:俞道凯
责任编辑:姚同梅
封面设计:范翠璇
责任校对:马燕红
责任监印:徐　露
出版发行:华中科技大学出版社(中国·武汉)　　电话:(027)81321913
　　　　　武汉市东湖新技术开发区华工科技园　　邮编:430223
录　　排:武汉市洪山区佳年华文印部
印　　刷:广东虎彩云印刷有限公司
开　　本:787mm×1092mm　1/16
印　　张:9.75
字　　数:253 千字
版　　次:2023 年 1 月第 1 版第 14 次印刷
定　　价:39.80 元

序

　　"十二五"时期是全面建设小康社会的关键时期,是深化改革开放、加快转变经济发展方式的攻坚时期,也是贯彻落实《国家中长期教育改革和发展规划纲要(2010—2020 年)》的关键五年。教育改革与发展面临着前所未有的机遇和挑战。以加快转变经济发展方式为主线,推进经济结构战略性调整、建立现代产业体系,推进资源节约型、环境友好型社会建设,迫切需要进一步提高劳动者素质,调整人才培养结构,增加应用型、技能型、复合型人才的供给。同时,当今世界处在大发展、大调整、大变革时期,为了迎接日益加剧的全球人才、科技和教育竞争,迫切需要全面提高教育质量,加快拔尖创新人才的培养,提高高等学校的自主创新能力,推动"中国制造"向"中国创造"转变。

　　为此,近年来教育部先后印发了《教育部关于实施卓越工程师教育培养计划的若干意见》(教高[2011]1 号)、《关于"十二五"普通高等教育本科教材建设的若干意见》(教高[2011]5 号)、《关于"十二五"期间实施"高等学校本科教学质量与教学改革工程"的意见》(教高[2011]6 号)、《教育部关于全面提高高等教育质量的若干意见》(教高[2012]4 号) 等指导性意见,对全国高校本科教学改革和发展方向提出了明确的要求。在上述大背景下,教育部高等学校机械学科教学指导委员会根据教育部高教司的统一部署,先后起草了《普通高等学校本科专业目录机械类专业教学规范》、《高等学校本科机械基础课程教学基本要求》,加强教学内容和课程体系改革的研究,对高校机械类专业和课程教学进行指导。

　　为了贯彻落实教育规划纲要和教育部文件精神,满足各高校高素质应用型高级专门人才培养要求,根据《关于"十二五"普通高等教育本科教材建设的若干意见》文件精神,华中科技大学出版社在教育部高等学校机械学科教学指导委员会的指导下,联合一批机械学科办学实力强的高等学校、部分机械特色专业突出的学校和教学指导委员会委员、国家级教学团队负责人、国家级教学名师组成编委会,邀请来自全国高校机械学科教学一线的教师组织编写全国普通高等学校机械类"十二五"规划系列教材,将为提高高等教育本科教学质量和人才培养质量提供有力保障。

当前经济社会的发展,对高校的人才培养质量提出了更高的要求。该套教材在编写中,应着力构建满足机械工程师后备人才培养要求的教材体系,以机械工程知识和能力的培养为根本,与企业对机械工程师的能力目标紧密结合,力求满足学科、教学和社会三方面的需求;在结构上和内容上体现思想性、科学性、先进性,把握行业人才要求,突出工程教育特色。同时注意吸收教学指导委员会教学内容和课程体系改革的研究成果,根据教学指导委员会颁布的各课程教学专业规范要求编写,开发教材配套资源(习题、课程设计和实践教材及数字化学习资源),适应新时期教学需要。

教材建设是高校教学中的基础性工作,是一项长期的工作,需要不断吸取人才培养模式和教学改革成果,吸取学科和行业的新知识、新技术、新成果。本套教材的编写出版只是近年来各参与学校教学改革的初步总结,还需要各位专家、同行提出宝贵意见,以进一步修订、完善,不断提高教材质量。

谨为之序。

国家级教学名师

华中科技大学教授、博导

2012 年 8 月

前　言

　　本书是编者根据教育部实施的"高等教育面向 21 世纪教学内容和课程体系改革计划"的要求及高等工科院校《机械设计基础课程教学基本要求》的精神,在多年指导机械设计基础课程设计经验的基础上编写而成的,主要供高等工科院校近机类和非机类专业学生以单级圆柱齿轮减速器为主进行机械设计基础课程设计时使用和参考。

　　本书主要包括机械设计课程设计指导和相关的最新机械设计标准两部分内容,将设计指导与相关标准合二为一,便于学生使用。课程设计指导部分以一个完整的带式输送机传动系统设计为主线,详细叙述了整个设计思路和设计过程。用三维模型和线框图相结合的方式对相关内容进行阐述,便于学生全面认识设计对象的结构形状和对象之间的相互位置装配关系。减速器设计部分按照单级圆柱齿轮减速器设计过程,非常翔实地介绍了每个步骤的主要内容、设计计算的方法与原理,对重点问题进行了深入分析,力求使学生能够深刻领会机械设计的内涵,理解机械设计的精神,真正巩固机械设计知识,提升机械设计的能力;对所附的减速器装配图、轴的零件图和齿轮零件图,力求做到图形、尺寸标注、技术条件完整、准确、规范,起到示范作用。机械设计标准的选编以够用、最新为原则。

　　本书由郭瑞峰、王凤梅、胡星主编。参加本书编写工作的主要有西安建筑科技大学郭瑞峰(第四、五、六、七、八章)、王凤梅(第一、二、三章)、史丽晨(第七、八章)、胡星(第九章)。吕应柱建立了减速器的三维模型,彭光宇绘制了减速器装配图、轴和齿轮的零件图。在编写本书的过程中,得到了西安建筑科技大学机电学院机械基础教研室老师的大力支持和帮助,他们对本书提出了许多合理化建议。西安建筑科技大学史丽晨教授审阅了本书,并提出了很多宝贵意见。在此,一并致以由衷的谢意!

　　由于编者水平有限,成书时间仓促,不妥之处在所难免,恳望同仁及读者批评指正。

编　者

2015 年 2 月

目　　录

第1章 概 述

1.1 课程设计的目的和内容

1.1.1 课程设计的目的

机械设计基础课程设计是学生学习机械设计基础课程后进行的一项综合训练。其主要目的是：

（1）培养学生综合运用机械设计基础和有关先修课程的理论、结合生产实际分析和解决工程实际问题的能力，巩固、加深和拓展学生有关机械设计方面的知识。

（2）通过合理选择传动装置和零件类型、正确计算零件工作能力、选择材料和确定尺寸，以及较全面地考虑制造工艺、使用和维护等要求，进行结构设计，从而了解和掌握机械零件、机械传动装置的设计过程和方法。

（3）进行设计基本技能的训练，例如计算和绘图能力的训练，熟练运用手册、图册、标准和规范等设计资料及使用经验数据、处理数据的能力的训练。

1.1.2 课程设计的内容

机械设计基础课程设计一般选择由"机械设计基础"课程所学过的大部分通用机械零件所组成的机械传动装置或简单机械作为设计题目。传动装置中的减速器包含齿轮、轴、轴承、键、联轴器及箱体类零件，涵盖了本课程的主要内容，选择减速器进行设计可以使学生得到较全面的基本训练。故目前主要采用以减速器为主体的机械传动装置作为设计内容。

设计的主要内容包括：

（1）拟定和分析传动方案；

（2）选择原动机，计算总传动比及分配各级传动比，计算传动装置运动、动力参数；

（3）传动零件的设计计算；

（4）轴的设计计算及键连接的选择与校核；

（5）轴承及其组合部件的设计、联轴器的选择及校验计算；

（6）箱体及附件的设计；

（7）润滑和密封的设计；

（8）装配图和零件图的设计与绘制；

（9）设计说明书的编写；

（10）设计答辩。

要求每个学生完成以下任务：

（1）绘制减速器装配图一张（A1，三视图）；

（2）绘制输出轴零件图一张（A3）；

（3）绘制输出轴上齿轮零件工作图一张（A3）；

（4）编写设计说明书一份，6000～8000 字。

课程设计是在教师指导下由学生独立完成的。设计过程中，提倡独立思考、深入钻研、充分发挥主动性和创造性进行设计，要求设计态度认真、有错必改，反对懒惰和依赖思想，反对不求甚解、照抄照搬。只有这样，才能保证课程设计达到教学基本要求，使学生在设计思想、设计方法和设计技能等方面得到良好的训练。

1.2　课程设计的方法和步骤

1.2.1　课程设计的方法

一台新机械大都需要经过设计、研制、生产和使用四个阶段，其中设计阶段通常没有固定的程序，典型的顺序为：

（1）明确设计任务，制定设计任务书；

（2）提供方案并对各方案进行评价，选择最优方案；

（3）按照选定的方案进行各零部件的总体布置，进行运动学、动力学和零件工作能力计算，结构设计和绘制总体设计图；

（4）施工设计：根据总体设计的结果，考虑结构工艺性等要求，绘出零件工作图；

（5）审核图纸；

（6）整理设计文件，包括编写计算、使用说明书等。

机械设计基础课程设计与其他机械设计一样，从传动方案的分析开始，通过设计计算和结构的设计，最后以图纸和设计说明书表达设计结果。在设计过程中，由于设计过程的各阶段是相互联系的，若在后一阶段的设计中出现不当之处，往往需要对前一阶段做出修改，另外在拟定传动方案和设计计算及结构设计时，采用了一些初选参数或初估尺寸、经验数据等，因此，随着设计的深入，一些开始时没有出现的问题逐渐暴露出来，这就需要设计时"边计算、边绘图、边修改"，设计计算与结构设计绘图交替进行。

1.2.2　课程设计的步骤

机械设计基础课程设计大体按以下几个阶段进行。

（1）设计准备。

① 研究设计任务书，明确工作条件、设计要求、内容和步骤；② 了解设计对象，阅读有关资料、图纸，参观模型、实物，观看录像片以及进行减速器拆装实验等；③ 复习课程有关内容，熟悉机械零件的设计方法和步骤；④ 准备好设计需要的图书、资料和工具等，并拟订设计计划。

（2）传动装置的总体设计。

① 根据传动装置的运动简图分析传动方案；② 计算电动机的功率、转速，选择电动机的型号；③ 计算传动装置的总传动比和分配各级传动比；④ 计算各轴的转速、功率、转矩。

（3）各级传动零件的设计。

① 减速器外的传动装置（带传动、开式齿轮传动装置等）设计；② 减速器内的传动装置的设计。

（4）减速器装配草图的设计和绘制。

① 选择比例尺,合理布置视图,确定减速器各零件的相互位置;② 选择联轴器,初步计算轴径,选择轴承型号,进行轴的结构设计;③ 确定轴上力作用点及支点的位置,进行轴、轴承及键的校核计算;④ 分别进行轴系部件、传动零件、减速器箱体及其附件的结构设计。

(5) 装配工作图的绘制和总成。

① 绘制装配图;② 标注尺寸、配合及零件序号;③ 编写零件明细表、标题栏、技术特性及技术要求。

(6) 零件工作图绘制。

(7) 设计说明书的编写。

(8) 进行设计总结和答辩。

1.3 课程设计要求和注意事项

机械设计基础课程设计是学生第一次进行的比较全面的综合训练。在设计过程中必须严肃认真、刻苦钻研、一丝不苟、精益求精,还要积极思考、主动提问,并及时向指导教师汇报情况。此外,为了能在设计思想、设计方法和技能方面都获得比较大的锻炼和提高,还应注意以下几点:

(1) 参考和创新的关系。设计是一项复杂、细致的工作,任何设计都不可能脱离前人长期经验积累的资料而凭空想象出来。熟悉和利用已有的资料,既可避免许多重复工作,加快设计进程,同时也能保证设计质量。善于掌握和使用各种资料正是设计工作能力的重要体现。然而,任何新的设计任务总是有其特定的设计要求和具体的工作条件,因而在设计时不可盲目、机械地抄袭资料,而应具体地分析、吸收新的技术成果,创造性地进行设计。

(2) 课程设计应是在教师指导下由学生独立完成。教师的主导作用在于指明设计思路,启发学生独立思考,解答疑难问题,并按设计进度进行阶段审查。学生必须发挥自己的主观能动性,积极主动地思考问题、分析问题、解决问题,而不应过分地依赖教师,避免"知其然,不知其所以然"。

(3) 标准和规范的采用。设计中采用标准和规范,既可使零件具备良好的互换性和加工工艺性,收到较好的经济效益,又可减轻设计工作量,节省设计时间。因此,熟悉标准和熟练使用标准也是课程设计的重要任务之一。如带轮的直径和带的基准长度、齿轮的模数、轴承的尺寸等应取标准值。为了制造、测量和安装的方便,一些非标准件的尺寸,如轴的各段直径,应尽量圆整成标准数值或选用优先数值。

(4) 强度计算和结构要求的关系。设计时的理论计算只是提供一个零件的最小尺寸或提供一个方面的依据,还应根据结构和工艺的要求确定尺寸,然后再校核强度,或者直接根据经验公式计算尺寸。

第 2 章 机械传动系统的总体方案设计

2.1 机械系统组成及常用机械传动

2.1.1 机械系统的组成

一般说来,现代机械系统是由原动机、传动装置、执行机构(或称工作机)以及检测控制系统四大部分构成的,如图 2-1 所示。其中:原动机是系统的动力来源,如电动机、内燃机等;执行机构是机械系统中直接完成生产任务的工作部分;传动装置连接原动机和执行机构,将原动机的运动和动力转变或传递到执行机构;检测控制系统对机械系统中的某些工作参数进行测量和变换,以使机械系统能够自动、协调、安全、可靠、优质、高效地完成作业任务。

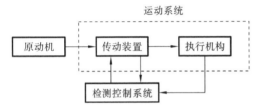

图 2-1 机械系统的组成

胶带输送机(见图 2-2)也称为带式输送机,俗称皮带输送机,是现代连续运输的主要设备。胶带输送机由卷筒拉紧输送胶带,中部支架和托辊作为承载构件,靠摩擦力将物料从最初的供料点连续地输送到最终的卸料点。输送的物料可以是碎散物料,也可以是成件物品,既可以水平输送,也可以倾斜输送,所以带式输送机广泛应用于现代化的各种工业企业中。在矿山井下巷道、矿山地面运输,露天采矿场及选矿厂运输,物流作业,自动化流水作业等中都有广泛应用。

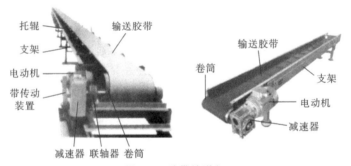

图 2-2 胶带输送机

胶带输送机的执行部件就是卷筒,它通过摩擦力驱动胶带运动,完成对物料的输送功能。原动机一般都选用三相交流异步电动机。其传动装置根据工作条件和场合不同可采用不同的机械传动方式,为卷筒提供合适的速度和转矩。

2.1.2 常用机械传动

传动装置的主要作用是将原动机的运动和动力传递给执行机构,并在此过程中实现运动速度、运动方向或运动形式的变换。在执行机构的类型和原动机的型号确定之后,就可以计算出传动系统的总传动比,进行传动系统方案的设计。

传动系统方案设计是机械总体设计的主要组成部分,传动系统方案设计的优劣,对机器的工作性能、工作可靠性、外形尺寸和重量、制造成本、运转费用等均有一定程度的影响。任何机械的传动系统方案都不是唯一的,在相同设计条件下,可有不同的传动系统设计方案。学生可选择机械设计基础课程设计题目中给出的传动系统参考方案,也可依据所承担的具体设计任务,采用设计任务中规定的传动形式,合理布置传动机构,最后提出自己的传动系统方案,以获得更广泛意义上的传动系统方案设计经验。

在进行传动系统方案设计时,除了应综合考虑工作装置的载荷、运动及机器的其他要求外,还应熟悉各种机械传动的特点,以便选择一个合适的传动类型。表 2-1 列出了常用机械传动的主要特点、适用工况和性能对比,可供选择时参考。

表 2-1 几种常用机械传动的特点与应用

类 型		传递功率 /kW	速度 /(m/s)	传 动 效 率		传动比		优 点	缺 点
				开式	闭式	一般范围	最大值		
普通 V 带传动		≤500	≤25~30	0.94~0.97		2~4	≤7	可用于远距离传动,中心距变化范围大,有缓冲、吸振及过载保护作用	有打滑现象,轴和轴承受力较大,磨损快
链传动 （滚子链）		≤100	≤15	0.9~0.93	0.95~0.97	2~6	≤8	适应恶劣环境,可用于远距离传动,中心距变化范围大,平均传动比准确,多用于低速传动	瞬时传动比变化,有冲击振动
圆柱齿轮传动	一级开式	对于直齿轮,≤750; 对于斜齿轮和人字齿轮,≤50000	7级精度, ≤25 5级以上非直齿轮 ≤15~130	一对齿轮, 0.94~0.96	一对齿轮, 0.96~0.99	3~7	≤15 ~20	传动比准确,尺寸小,效率高,寿命长,功率及速度范围大,可靠度高	制造精度要求高,成本较高
	一级减速器					3~6	≤12.5		
	二级减速器					8~40	≤60		
圆锥齿轮传动	一级开式	对于直齿轮,≤1000; 对于曲齿轮,≤15000	对于直齿轮,<5; 对于曲齿轮,<5~40	一对齿轮, 0.92~0.95	一对齿轮, 0.94~0.98	2~4	≤8		
	一级减速器					2~3	≤6		
蜗杆传动	一级开式	常用≤50 最大≤750	滑动速度 ≤15~35	一对蜗杆副,0.5~0.7	一对蜗杆副,0.7~0.9	15~60	≤120	传动比大;传动平稳;部分蜗杆传动可实现反向自锁,用于空间交错间传动	效率较低;制造精度要求较高;成本较高
	一级减速器					10~40	≤80		
	二级减速器					70~800	≤3600		

2.2　减速器的主要类型及特点

　　减速器是大多数机械系统的传动装置的重要组成部分,是由封闭在刚性壳体内的齿轮传动、蜗杆传动或齿轮-蜗杆传动装置所组成的独立的机械传动部件。一般是由专业厂家生产的标准系列产品,多数情况下能适应不同功率、不同减速比的需要,因而可根据传动功率、转速、传动比及机械系统的总体布局等要求,从手册或产品目录中直接选用。因为是专业化生产,结构形式多样,性能参数稳定,运行可靠,传动效率高,工作寿命长,造价较低,也有利于缩短机械系统的设计和制造周期,故在各行业中都获得了广泛应用。只有在选不到合适产品时才自行设计制造减速器。课程设计为了达到培养设计能力的目的,一般需要自行设计减速器。表2-2所示为减速器的主要类型、特点及应用。

表 2-2　减速器主要类型、特点及应用

传 动 类 型		推荐传动比范围	特点及应用
一级圆柱齿轮减速器		$i=8\sim10$	轮齿可制成直齿、斜齿和人字齿。传动齿轮轴线平行,结构简单,精度容易保证。 直齿一般用于圆周速度 $v=8$ m/s,轻负荷场合; 斜齿、人字齿用在圆周速度 $v=25\sim50$ m/s,重负荷场合,也用于重载低速场合。应用较广
二级圆柱齿轮减速器	展开式	$i=8\sim60$	二级减速器中最简单的一种。齿轮相对于轴承位置不对称,当轴产生弯曲变形时,载荷在齿宽上分布不均,故轴应设计得具有较大的刚度,并尽量使高速级齿轮远离输入端。高速级可制成斜齿,低速级可制成直齿,相对于分流式讲,用于载荷较平稳的场合
	分流式	$i=8\sim60$	与展开式相比,齿轮与轴承对称布置,因此载荷沿齿宽分布均匀,轴承受载亦平均分配,中间轴危险截面上的扭矩相当于轴所传递扭矩的一半
	同轴式	$i=8\sim60$	箱体长度较小,当速比分配适当时,两对齿轮浸入油中深度大致相同。但减速器轴向尺寸和重量较大,高速级齿轮的承载能力难以充分利用。中间轴承润滑困难。中间轴较长,刚度低,载荷沿齿宽分布不均。由于两伸出轴在同一轴线上,在很多场合能使设备布置更为方便
一级圆锥齿轮减速器		$i=8\sim10$	轮齿可制成直齿、斜齿和螺旋齿。两轴线垂直相交或成一定角度相交。制造安装较复杂,成本高,所以仅在设备布置上必要时才应用

续表

传　动　类　型		推荐传动比范围	特点及应用
二级圆锥-圆柱齿轮减速器		对于直齿圆锥齿轮，$i＝8～22$	圆锥-圆柱齿轮减速器特点同一级圆锥齿轮减速器。圆锥齿轮应用在高速级，使齿轮尺寸不至于太大，否则加工困难。圆柱齿轮可制成直齿或斜齿
一级蜗杆减速器	蜗杆下置	$i＝8～80$	蜗杆在蜗轮下边，啮合处冷却和润滑都较好，蜗杆轴承润滑也方便。但当蜗杆圆周速度太大时，$i≤30$，搅油损耗较大。一般用于蜗杆圆周速度 $v<5$ m/s 时
	蜗杆上置	$i＝8～80$	蜗杆在蜗轮上边，装卸方便。蜗杆圆周速度可高些。传递功率较大，而且金属屑等杂物掉入啮合处的机会少。当蜗杆 $i＝30$、圆周速度 $v>4～5$ m/s 时，最好采用此形式
	蜗杆侧置	$i＝8～80$，传递功率较大时 $i＝30$	蜗杆在旁边，且蜗轮轴是竖直布置的。一般用于水平旋转机构的传动（如旋转起重机）
齿轮蜗杆减速器		$i＝15～480$	有齿轮传动在高速级和蜗轮传动在高速级两种形式。前者结构紧凑，后者效率较高

2.3　分析和拟定传动方案

　　传动装置的总体设计，主要包括分析和拟定传动方案、选择电动机型号、计算总传动比和分配各级传动比、计算传动装置的运动和动力参数，为设计传动零件和装配草图提供依据。

　　满足工作装置的功能是所拟定传动方案的最基本要求。同一种运动可以由几种不同的传动组合形式和布置顺序来实现，这就需要把几种传动方案的优缺点加以分析比较，从而选择出最符合实际情况的一种方案。合理的传动方案除了满足工作装置的功能要求外，还应尽量保证结构简单、制造方便、成本低廉、传动效率高和使用维护方便。图 2-3 所示为胶带输送机的四种传动方案。图（a）所示传动方案中，传动装置由普通 V 带传动机构和一级圆柱齿轮减速器组成；图（b）所示传动方案中，传动装置为二级展开式圆柱齿轮减速器；图（c）所示传动方案中，传动装置是一级蜗杆传动减速器；图（d）所示传动方案中，传动装置是圆锥-圆柱齿轮减速器。图（c）所示方案结构紧凑，但在长期连续运转的条件下，由于蜗杆的传动效率低，其功率损失较大；图（d）所示方案中装置的宽度尺寸较图（b）所示方案中装置的小，但锥齿轮的加工比圆柱齿轮困难；图（a）所示方案中装置的宽度和长度尺寸都比较大，且带传动不适用于繁重的工作条件和恶劣的环境，但带传动有过载保护的优点，还可以缓和冲击和振动，因此这种方案

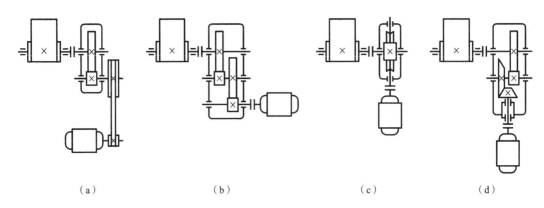

　　　　（a）　　　　　　　　（b）　　　　　　　　（c）　　　　　　　　（d）

图 2-3　胶带输送机的四种传动方案

也得到了广泛应用。

　　在选择机械传动类型、布置传动顺序、拟定传动方案时,可参考以下几点:

　　(1) 带传动机构承载能力较低,在传递相同转矩时,结构尺寸较其他形式大,但传动平稳,能缓冲吸振,宜布置在传动系统的高速级,以降低传递的转矩,减小带传动的结构尺寸。

　　(2) 链传动机构传动平稳性差,运转时有冲击,宜布置在低速级。

　　(3) 斜齿轮传动较直齿轮传动平稳,常应用于高速级。

　　(4) 锥齿轮的加工比较困难,只在必须改变运动的传递方向时才采用,一般宜置于高速级,并限制传动比,以减小其直径和模数。

　　(5) 蜗杆传动机构大多用于传动比大而功率不大的情况下,其承载能力较齿轮传动低,宜布置在传动的高速级,以获得较小的结构尺寸。

　　(6) 开式齿轮传动机构因工作条件差,润滑不良,一般应布置在低速级。

　　(7) 当减速器传动比大于 8 时,应考虑采用二级以上减速器,或增加一级其他机械传动装置。

　　(8) 在一般情况下,总是将改变运动形式的机构(如连杆机构、凸轮机构等)布置在传动系统的末端。

　　课程设计要求学生从整体出发,对多种可行方案进行比较分析,了解其优缺点,并画出传动装置方案图。若课程设计任务中已给出了传动方案,应分析方案的合理性,也可提出改进意见。

2.4　选择电动机

　　电动机是最常用的原动机,具有结构简单、工作可靠、控制简便和维护容易等优点。电动机的选择主要包括选择其类型和结构形式、功率(容量)和转速,确定具体型号。

2.4.1　类型和结构形式的选择

　　电动机分交流电动机和直流电动机两种。直流电动机由于需要直流电源,结构较复杂,价格较高,维护比较不便,因此无特殊要求时不宜采用。交流电动机有异步电动机和同步电动机两类。工业上广泛采用三相交流异步电动机,额定电压为 380 V。异步电动机有笼型和绕线型两种,其中以普通笼型异步电动机应用最多。Y 系列全封闭自扇冷式笼型三相异步电动机结构简单、工作可靠、价格低廉、维护方便，适用于不易燃、不易爆、无腐蚀性和无特殊要求的机械上。在易燃易爆场合应选用防爆电动机如 YB 系列电动机。电动机已经系列化、标准化，在设计时应根据工作载荷、工作要求、工作环境、安装要求及尺寸、重量等条件进行选择。为适应不同的输出要求和安装需要，同一类型的电动机可制成几种安装结构形式，并以不同的机座号来区别。Y 系列电动机的外形和安装尺寸表示如图 2-4 所示，技术数据参见 9.1 节。

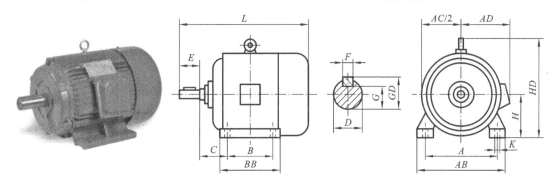

图 2-4　Y 系列异步电动机外形和安装尺寸表示

　　三相交流异步电动机的铭牌上标有额定功率和满载转速。额定功率是指在连续运转的条件下，电动机发热不超过许可温升的最大功率。满载转速是指负载达到额定功率时的电动机转速。

2.4.2　确定电动机的功率

　　电动机的功率（容量）选择是否合适，对电动机的工作和经济性都有影响。功率小于工作要求，将不能保证工作机的正常工作，或使电动机因长期超载运行而过早损坏；功率选择过大，则电动机的价格高，传动能力不能充分利用，而且由于电动机经常在轻载下运行，其效率和功率因数都较低，会造成能源的浪费。

　　对于载荷比较稳定、长期运转的机械，通常按照电动机的额定功率选择，而不必校核电动机的发热量和启动转矩。选择电动机容量时应保证电动机的额定功率 P_{ed} 等于或稍大于工作机所需的电动机功率 P_d。即

$$P_{ed} \geqslant P_d \tag{2-1}$$

　　工作时所需电动机的输出功率为

$$P_d = \frac{P_W}{\eta_a} \quad (\text{kW}) \tag{2-2}$$

式中：P_W——工作机所需功率，指输入工作机轴的功率，kW；

　　　η_a——由电动机到工作机主动轴的传动装置总效率，应为组成传动装置的各部分运动副效率的乘积，即

$$\eta_a = \eta_1 \cdot \eta_2 \cdot \eta_3 \cdot \cdots \cdot \eta_n \tag{2-3}$$

式中 $\eta_1, \eta_2, \eta_3, \cdots, \eta_n$ 分别为传动装置中各零部件的效率，参见表 2-1 及表 2-3。

表 2-3　部分轴承及联轴器效率概略值

种　　类		效率 η	种　　类		效率 η
滚动轴承	球轴承	0.99~0.995	联轴器	凸缘联轴器	0.97~0.99
	滚子轴承	0.98~0.99		弹性联轴器	0.99~0.995
滑动轴承	0.97~0.99	0.97~0.99			

计算传动装置的效率时要注意以下几点：

（1）动力经过的每一个运动副或连接处，都会产生功率损耗，计算效率时应逐一计入。

（2）资料中查出的效率数值为一范围时，如工作条件差、加工精度低、维护不良应取较低值，反之应取较高值，一般可取中间值。

（3）轴承效率通常指一对轴承的效率。

工作机所需功率 P_{w} 应由工作机的工作阻力和运动参数计算求得。在课程设计中，可由设计任务书给定的工作机参数按以下公式计算：

$$P_{\mathrm{w}} = \frac{Fv}{1000} \quad (\mathrm{kW}) \tag{2-4a}$$

或

$$P_{\mathrm{w}} = \frac{Tn}{9550} \quad (\mathrm{kW}) \tag{2-4b}$$

式中：F——工作机的工作阻力，N；

v——工作机的线速度，如皮带输送机输送带的线速度，m/s；

T——工作机的阻力矩，N·m；

n——工作机的转速，如皮带运输机滚筒的转速，r/min。

2.4.3 确定电动机转速

同类型功率相同的电动机有几种不同的转速可供选用。三相异步电动机的同步转速，一般有 3000 r/min（2 极）、1500 r/min（4 极）、1000 r/min（6 极）和 750 r/min（8 极）四种。电动机的同步转速越高，磁极对数越少，尺寸越小，重量越小，价格也越低，但电动机的转速与工作机转速相差过多，势必使总传动比加大，引起传动装置的尺寸和重量增加，使成本增加。而选用较低转速的电动机时，则情况正好相反，即传动装置的外形尺寸、重量减小，而电动机的尺寸和重量增大，价格提高。因此，在确定电动机转速时，应进行分析比较，权衡利弊，选择最优方案。课程设计中常选用同步转速为 1500 r/min 或 1000 r/min 的两种电动机（轴不需要逆转时常用前者）。如无特殊需要，一般不选用 750 r/min 的电动机。

为合理设计传动装置，根据工作机主动轴转速要求和各传动副的合理传动比范围，可推算出电动机转速的可选范围。即

$$n'_{\mathrm{d}} = i'_{\mathrm{a}} n = (i'_1 \cdot i'_2 \cdot i'_3 \cdots \cdot i'_n) n \quad (\mathrm{r/min}) \tag{2-5}$$

式中：n'_{d}——电动机可选转速范围，r/min；

i'_{a}——传动装置总传动比的合理范围；

$i'_1, i'_2, i'_3, \cdots, i'_n$——各级传动副传动比的合理范围，参见表 2-1 和表 2-2；

n——工作机主动轴转速，r/min。

查阅电动机产品目录（参见 9.1 节），符合 $P_{\mathrm{ed}} \geqslant P_{\mathrm{d}}$ 和转速范围 n'_{d} 的电动机有多种，应综合考虑电动机和传动装置的尺寸、重量、工作条件和场合，对几种方案进行比较，确定电动机的额定功率 P_{ed} 和转速 n_{d}，查出其型号、性能参数和主要尺寸，并将电动机型号、额定功率、满载转速、外形尺寸、电动机中心高、轴伸尺寸和键连接尺寸等记录下来备用。

例 2-1 如图 2-5 所示的胶带输送机传动方案，已知驱动鼓轮卷筒轴输入端所需转矩 $T = 650$ N·m，卷筒转速 $n = 60$ r/min，卷筒直径 $D = 400$ mm。胶带输送机滚筒单向连续转动，载荷平稳，有轻微冲击，三班制工作，每年工作 300 天，设计寿命为 10 年，每年检修一次。

试选择合适的电动机。

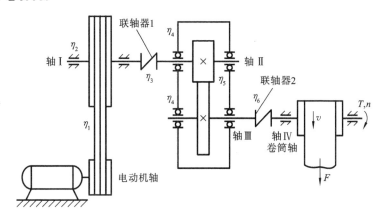

图 2-5　胶带输送机传动方案一

解　求解步骤见表 2-4。

表 2-4　例 2-1 计算过程

计算项目	计算与说明	主 要 结 果
1. 选择电动机的类型	按工作要求和条件,选用 Y 系列三相笼型异步电动机,封闭式结构,额定电压为 380 V。	Y 系列
2. 确定电动机的额定功率	(1) 工作机所需功率 $$P_\mathrm{w}=\frac{Tn}{9550}=\frac{650\times60}{9550}\ \mathrm{kW}=4.08\ \mathrm{kW}$$ (2) 求由电动机至鼓轮主动轴传动的总效率。 从电动机轴到鼓轮主动轴输入端共有 7 级,则 $$\eta_\mathrm{a}=\eta_1\cdot\eta_2\cdot\eta_3\cdot\eta_4^2\cdot\eta_5\cdot\eta_6$$ 其中:η_1 为带传动的效率,取 $\eta_1=0.96$;η_2 为滑动轴承的效率,取 $\eta_2=0.97$;η_3 为弹性联轴器 1 的效率,取 $\eta_3=0.99$;η_4 为滚动轴承的效率,取 $\eta_4=0.98$;η_5 为闭式齿轮传动副的效率,取 $\eta_5=0.97$;η_6 为弹性联轴器 2 的效率,取 $\eta_6=0.99$,则总效率为 $$\eta_\mathrm{a}=0.96\times0.97\times0.99\times0.98^2\times0.97\times0.99=0.85$$ (3) 所需电动机的功率 $$P_\mathrm{d}=\frac{P_\mathrm{w}}{\eta_\mathrm{a}}=\frac{4.08}{0.85}\ \mathrm{kW}=4.8\ \mathrm{kW}$$ (4) 确定电动机的功率。 电动机的额定功率要略大于所需电动机的功率,即 $P_\mathrm{ed}\geqslant P_\mathrm{d}$,查阅第 9 章表 9-1,选电动机的额定功率为 $P_\mathrm{ed}=5.5\ \mathrm{kW}$。	工作机功率 $P_\mathrm{w}=4.08\ \mathrm{kW}$ $\eta_1=0.96$ $\eta_2=0.97$ $\eta_3=0.99$ $\eta_4=0.98$ $\eta_5=0.97$ $\eta_6=0.99$, 总效率 $\eta_\mathrm{a}=0.85$ 所需电动机功率 $P_\mathrm{d}=4.8\ \mathrm{kW}$ 电动机额定功率 $P_\mathrm{ed}=5.5\ \mathrm{kW}$
3. 确定电动机的转速	(1) 求总传动比范围。 传动装置是由带传动机构和一级减速器组成的,带传动的传动比范围为 $i'_1=2\sim4$,一级减速器传动比范围为 $i'_2=3\sim6$,则总传动比范围为 $$i'=i'_1\cdot i'_2=6\sim24$$ (2) 求电动机的转速可选范围。 $$n'_\mathrm{d}=i'_\mathrm{a}n=i'_1\cdot i'_2\cdot n=(6\sim24)\times60\ \mathrm{r/min}=360\sim1440\ \mathrm{r/min}$$	电动机转速可选范围为 $n'_\mathrm{d}=360\sim1440\ \mathrm{r/min}$

计算项目	计算与说明	主 要 结 果
3. 确定 电动机的 转速	（3）确定电动机的转速。 　符合这一范围的同步转速为 750 r/min、1000 r/min，同时也可选同步 转速为 1500 r/min 的电动机，故有三种方案可选。综合考虑电动机和 传动装置的尺寸、重量、价格等，选择电动机型号为 Y132M2-6，其主要 性能参数见表 2-5，外形及安装尺寸见图 2-4 和表 2-6。	电动机的型号 Y132M2-6

表 2-5　Y132M2-6 型电动机的主要性能参数

型　号	额定功率 /kW	满载时转速 r/min	启动电流 /额定电流 A	启动转矩 /额定转矩 N·m	最大转矩 /额定转矩 N·m
Y132M2-6	5.5	960	6.5	2.0	2.2

表 2-6　Y132M2-6 型电动机的主要外形及安装尺寸

中心高 H	外形尺寸 L×(AC/2+AD)×HD	地脚安装尺寸 A×B	地脚螺栓孔直径 K	轴伸尺寸 D×E	装键部位尺寸 A×G
132	515×345×315	216×178	12	38×80	10×33

2.5　总传动比的计算与分配

1. 总传动比的计算

电动机型号确定后，根据电动机的满载转速 n_d 和工作机的主动轴转速 n，就可计算传动装置的总传动比，即

$$i_a = \frac{n_d}{n} \tag{2-6}$$

传动装置一般由多级串联而成，则总传动比等于各级传动比的乘积，即

$$i_a = i_1 \cdot i_2 \cdots \cdot i_n \tag{2-7}$$

2. 总传动比的分配

总传动比的分配是个比较重要的问题。传动比分配得合理，可使传动装置得到较小的外形尺寸或较小的重量，以实现降低成本和结构紧凑的目的，也可以使传动零件获得较低的圆周速度以减小动载荷或降低传动精度等级，还可以得到较好的润滑条件。要同时达到这几方面的要求比较困难，因此应按设计要求考虑传动比分配方案，满足某些主要要求。

（1）各级传动的传动比应在其推荐范围内选取，不超出允许的最大值，以符合各种传动形式的工作特点，并使结构比较紧凑。各种传动装置的传动比范围见表 2-1 和表 2-2。

（2）应使各级传动机构尺寸协调，结构匀称合理，利于安装，防止相互干涉。例如，在由带传动机构和单级圆柱齿轮减速器组成的传动装置中，为防止大带轮和底架相碰，通常应使带传动的传动比小于齿轮传动的传动比。如果带传动的传动比过大，就有可能使大带轮半径大于减速器中心高，使带轮与底架相碰。

（3）应尽可能使传动装置的结构紧凑，重量小。

（4）要保证传动零件之间不会干涉碰撞。

（5）传动级数较多时，按"前小后大"的原则，即从高速轴到低速轴的传动比依次增大，这样可使中间轴具有较高的转速和较小的转矩，从而可以减小其尺寸和重量。

分配的各级传动比只是初步选定的数值，传动装置的精确传动比要利用传动件参数计算，例如齿轮副的传动比为齿数比，带传动副的传动比为带轮直径比。因此，工作机的实际转速要在传动件设计计算完成后进行核算，如不在允许误差范围内，则应重新调整传动件参数，甚至重新分配传动比。对于转速要求不太严格的工作机构，转速误差一般允许在 $\pm(3\sim5)\%$ 的范围内。

例 2-2　数据见例 2-1，试分配各级传动装置的传动比。

解　求解步骤见表 2-7。

表 2-7　例 2-2 的计算过程

计算项目	计算与说明	主 要 结 果
1. 总传动比	电动机的型号为 Y132M2-6，满载转速 $n_d=960$ r/min。 卷筒转速 $n=60$ r/min，总传动比为 $$i_a=\frac{n_d}{n}=\frac{960}{60}=16$$	总传动比 $i_a=16$
2. 分配传动比	传动装置是由带传动机构和一级减速器组成的，总传动比为 $$i_a=i_1\cdot i_2$$ 初选带传动机构的传动比 $i_1=3.1$，则减速器的传动比 i_2 为 $$i_2=\frac{i_a}{i_1}=\frac{16}{3.1}=5.16$$	带传动机构传动比 $i_1=3.1$ 减速器传动比 $i_2=5.16$

2.6　传动装置的运动和动力参数计算

传动装置的运动和动力参数是指各轴的转速、功率和转矩。这些参数是设计传动零件（如齿轮、带轮）和轴时所必需的已知条件。

计算时，可以按从高速轴到低速轴的顺序进行。先将传动装置各轴从电动机开始，依运动传递路线，由高速至低速依次标定为 0 轴（电动机轴）、Ⅰ 轴、Ⅱ 轴……n 轴（工作机主动轴）。然后，计及各运动副及连接的效率，从电动机轴开始至工作机的运动传递路线进行推算，得到各轴的运动和动力参数。

1. 各轴转速和传动比的计算

电动机轴的转速可按电动机额定功率时的转速，即满载转速 n_d 来计算，这一转速和实际工作时的转速相差不大；通过联轴器相连接的两轴，其转速相同，传动比为 1；通过传动装置相连接的两轴的传动比就是该传动装置的传动比。

2. 各轴的输入、输出功率计算

电动机的输出功率通常用工作机所需电动机功率 P_d 进行计算，而非电动机的额定功率 P_{ed}。只有当有些通用设备为留有储备能力以备发展，或为适应不同工作的需要，要求传动装置具有较大的通用性和适应性时，才按电动机的额定功率 P_{ed} 来设计传动装置。

通过联轴器相连接的两轴如图 2-6 所示。由于联轴器的功率损耗，从动轴 2 的输入功率 $P_{2入}$ 与主动轴 1 输出功率 $P_{1出}$ 相差一联轴器的效率 $\eta_{联轴器}$，即

$$P_{2入} = P_{1出}\,\eta_{联轴器} \qquad (2\text{-}8)$$

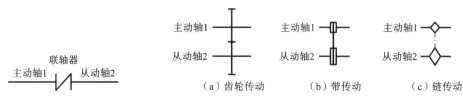

主动轴1 —|—|— 从动轴2
联轴器

图 2-6 联轴器连接两轴

（a）齿轮传动　（b）带传动　（c）链传动

图 2-7 传动装置连接两轴

通过传动装置相连的两轴如图 2-7 所示。由于传动过程中的摩擦损耗，从动轴 2 的输入功率 $P_{2入}$ 与主动轴 1 输出功率 $P_{1出}$ 相差一传动装置的效率 $\eta_{传}$，即

$$P_{2入} = P_{1出}\,\eta_{传} \qquad (2\text{-}9)$$

由于轴承的摩擦损耗，轴的输出功率小于该轴的输入功率，相差一轴承效率，即

$$P_{出} = P_{入}\,\eta_{轴承} \qquad (2\text{-}10)$$

3. 各轴的输入、输出转矩计算

轴的输入、输出功率不同，相应地，轴的转矩也有输入、输出之分。若该轴的转速为 n，则该轴的输入转矩 $T_{入}$ 和输出转矩 $T_{出}$ 分别对应于该轴的输入功率 $P_{入}$ 和输出功率 $P_{出}$，即

$$T_{入} = 9550 \times \frac{P_{入}}{n} \qquad (2\text{-}11)$$

$$T_{出} = 9550 \times \frac{P_{出}}{n} \qquad (2\text{-}12)$$

也就是说，其输出转矩与输入转矩相差一轴承效率，即

$$T_{出} = T_{入}\,\eta_{轴承} \qquad (2\text{-}13)$$

将计算出各轴的运动和动力参数按表 2-8 所示格式列表备用。

表 2-8 运动与动力参数计算结果汇总表

轴名或序号	功率 P/kW		转矩 T/(N·m)		转速 n/(r/min)
	输入	输出	输入	输出	

例 2-3 数据参见例 2-1、例 2-2，试计算各轴的运动和动力参数。

解　在图 2-5 所示的胶带输送机传动方案中，从电动机到工作机依传动路线共有五根轴：轴 0——电动机轴，也是小带轮轴；轴 Ⅰ——大带轮轴；轴 Ⅱ——减速器输入轴；轴 Ⅲ——减速器输出轴；轴 Ⅳ——鼓轮卷筒轴。各运动和动力参数计算步骤见表 2-9。

表 2-9 例 2-3 计算过程

计算项目	计算与说明	主　要　结　果
1. 各轴转速和传动比的计算	（1）电动机的满载转速 　　　　$n_d = 960$ r/min （2）电动机轴 0 与轴 Ⅰ 的传动比就是带传动的传动比	$n_d = 960$ r/min

计算项目	计算与说明	主 要 结 果
1. 各轴转速和传动比的计算	$i_{0\text{I}}=i_1=3.1$ （3）轴Ⅰ的转速 $$n_\text{I}=\frac{n_\text{d}}{i_1}=\frac{960}{3.1}=309.68\ \text{r/min}$$ （4）轴Ⅱ与轴Ⅰ通过联轴器 1 相连接，其转速 $$n_\text{Ⅱ}=n_\text{I}=309.68\ \text{r/min}$$ （5）轴Ⅲ与轴Ⅱ的传动比就是减速器的传动比，即 $$i_\text{ⅡⅢ}=i_2=5.16$$ （6）轴Ⅲ的转速 $$n_\text{Ⅲ}=\frac{n_\text{Ⅱ}}{i_2}=\frac{309.68}{5.16}\ \text{r/min}=60.016\ \text{r/min}$$ （7）鼓轮卷筒轴Ⅳ的转速即为轴Ⅲ的转速： $$n_\text{Ⅳ}=n_\text{Ⅲ}=60.016\ \text{r/min}$$ 该转速与例 2-1 中所要求的鼓轮卷筒轴的转速 $n=60\ \text{r/min}$ 相一致。	$i_{0\text{I}}=i_1=3.1$ $n_\text{I}=309.68\ \text{r/min}$ $n_\text{Ⅱ}=309.68\ \text{r/min}$ $i_\text{ⅡⅢ}=i_2=5.16$ $n_\text{Ⅲ}=60.016\ \text{r/min}$ $n_\text{Ⅳ}=60.016\ \text{r/min}$
2. 各轴输入、输出功率的计算	（1）电动机轴的输出功率按工作机所需电动机功率 P_d 计算，即 $$P_\text{d}=4.8\ \text{kW}$$ （2）轴Ⅰ通过带传动机构输入功率，带传动机构的效率 $\eta_1=0.96$，该轴的输入功率 $$P_\text{Ⅰ入}=P_\text{d}\cdot\eta_1=4.8\times0.96\ \text{kW}=4.608\ \text{kW}$$ （3）轴Ⅰ通过克服滑动轴承的摩擦输出功率，滑动轴承的效率 $\eta_2=0.97$，故该轴的输出功率 $$P_\text{Ⅰ出}=P_\text{Ⅰ入}\cdot\eta_2=4.608\times0.97\ \text{kW}=4.470\ \text{kW}$$ （4）轴Ⅱ通过联轴器 1 与轴Ⅰ相连接，联轴器 1 的效率 $\eta_3=0.99$，该轴的输入功率 $$P_\text{Ⅱ入}=P_\text{Ⅰ}\cdot\eta_3=4.470\times0.99\ \text{kW}=4.425\ \text{kW}$$ （5）轴Ⅱ通过克服滚动轴承的摩擦输出功率，滚动轴承的效率 $\eta_4=0.98$，故该轴的输出功率 $$P_\text{Ⅱ出}=P_\text{Ⅱ入}\cdot\eta_4=4.425\times0.98\ \text{kW}=4.337\ \text{kW}$$ （6）轴Ⅲ通过齿轮传动副输入功率，齿轮传动副的效率 $\eta_5=0.97$，该轴的输入功率 $$P_\text{Ⅲ入}=P_\text{Ⅱ出}\cdot\eta_5=4.337\times0.97\ \text{kW}=4.207\ \text{kW}$$ （7）轴Ⅲ通过克服滚动轴承的摩擦输出功率，滚动轴承的效率 $\eta_4=0.98$，故该轴的输出功率 $$P_\text{Ⅲ出}=P_\text{Ⅲ入}\cdot\eta_4=4.207\times0.98\ \text{kW}=4.123\ \text{kW}$$ （8）轴Ⅳ通过联轴器 2 与轴Ⅲ相连接，联轴器 2 的效率 $\eta_6=0.99$，故该轴的输入功率 $$P_\text{Ⅳ入}=P_\text{Ⅳ出}\cdot\eta_6=4.123\times0.99\ \text{kW}=4.082\ \text{kW}$$ 该功率值与工作机工作所需功率 $P_\text{w}=4.08\ \text{kW}$ 一致。	$P_\text{d}=4.8\ \text{kW}$ $P_\text{Ⅰ入}=4.608\ \text{kW}$ $P_\text{Ⅰ出}=4.470\ \text{kW}$ $P_\text{Ⅱ入}=4.425\ \text{kW}$ $P_\text{Ⅱ出}=4.337\ \text{kW}$ $P_\text{Ⅲ入}=4.207\ \text{kW}$ $P_\text{Ⅲ出}=4.123\ \text{kW}$ $P_\text{Ⅳ入}=4.082\ \text{kW}$

续表

计算项目	计算与说明	主　要　结　果
3. 各轴输入、输出转矩的计算	（1）电动机轴的输出转矩为 $$T_d = 9550 \times \frac{P_d}{n_d} = 9550 \times \frac{4.8}{960} \text{ N·m} = 47.75 \text{ N·m}$$ （2）轴Ⅰ的输入、输出转矩分别为 $$T_{Ⅰ入} = 9550 \times \frac{P_{Ⅰ入}}{n_Ⅰ} = 9550 \times \frac{4.608}{309.68} \text{ N·m} = 142.103 \text{ N·m}$$ $$T_{Ⅰ出} = 9550 \times \frac{P_{Ⅰ出}}{n_Ⅰ} = 9550 \times \frac{4.470}{309.68} \text{ N·m} = 137.85 \text{ N·m}$$ （3）轴Ⅱ的输入、输出转矩分别为 $$T_{Ⅱ入} = 9550 \times \frac{P_{Ⅱ入}}{n_Ⅱ} = 9550 \times \frac{4.425}{309.68} \text{ N·m} = 136.46 \text{ N·m}$$ $$T_{Ⅱ出} = 9550 \times \frac{P_{Ⅱ出}}{n_Ⅱ} = 9550 \times \frac{4.337}{309.68} \text{ N·m} = 133.75 \text{ N·m}$$ （4）轴Ⅲ的输入、输出转矩分别为 $$T_{Ⅲ入} = 9550 \times \frac{P_{Ⅲ入}}{n_Ⅲ} = 9550 \times \frac{4.207}{60.016} \text{ N·m} = 669.44 \text{ N·m}$$ $$T_{Ⅲ出} = 9550 \times \frac{P_{Ⅲ出}}{n_Ⅲ} = 9550 \times \frac{4.123}{60.016} \text{ N·m} = 656.07 \text{ N·m}$$ （5）轴Ⅳ的输入转矩 $$T_{Ⅳ入} = 9550 \times \frac{P_{Ⅳ入}}{n_Ⅳ} = 9550 \times \frac{4.082}{60.016} \text{ N·m} = 649.55 \text{ N·m}$$ 该转矩与例 2-1 中驱动鼓轮卷筒轴输入端所需转矩 $T = 650$ N·m 相一致。	$T_d = 47.75$ N·m $T_{Ⅰ入} = 142.103$ N·m $T_{Ⅰ出} = 137.85$ N·m $T_{Ⅱ入} = 136.46$ N·m $T_{Ⅱ出} = 133.75$ N·m $T_{Ⅲ入} = 669.44$ N·m $T_{Ⅲ出} = 656.07$ N·m $T_{Ⅳ入} = 649.55$ N·m

将该例计算结果汇总，列于表 2-10。

表 2-10　例 2-3 题运动与动力参数计算结果汇总表

轴名或序号	功率 P/kW		转矩 T/(N·m)		转速 n/(r/min)
	输入	输出	输入	输出	
电动机轴		4.8		47.75	960
轴Ⅰ	4.608	4.470	142.103	137.85	309.68
轴Ⅱ	4.425	4.337	136.46	133.75	309.68
轴Ⅲ	4.207	4.123	669.44	656.07	60.016
轴Ⅳ	4.082		649.55		60.016

2.7　传动装置的总体设计计算示例

例 2-4　如图 2-8 所示的胶带输送机传动方案中，已知驱动鼓轮卷筒轴输入端所需转矩 $T = 400$ N·m，卷筒轴转速 $n = 105$ r/min，卷筒直径 $D = 350$ mm。胶带输送机工作条件为两班制连续工作，不反转，载荷均匀平稳，无冲击，无振动，设计寿命为 10 年，每年检修一次。试选择合适的电动机，计算传动装置的总传动比，分配各级传动比，并计算各轴的运动和动力参数。

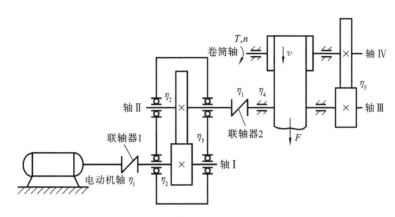

图 2-8　胶带输送机传动方案二

求解过程如表 2-11 所示。

表 2-11　例 2-4 的计算过程

计算项目	计算与说明	主要结果
1. 选择电动机的类型	按工作要求和条件,选用 Y 系列三相笼型异步电动机,封闭式结构,额定电压为 380 V。	Y 系列
2. 确定电动机的功率	（1）工作机所需功率　$P_{\mathrm{w}}=\dfrac{Tn}{9550}=\dfrac{400\times105}{9550}$ kW $=4.4$ kW （2）求由电动机至鼓轮主动轴传动的总效率。 从电动机轴到鼓轮主动轴输入端共有 7 级,则 $$\eta_{\mathrm{a}}=\eta_1^2\cdot\eta_2^2\cdot\eta_3\cdot\eta_4\cdot\eta_5$$ 其中:η_1 为弹性联轴器的效率,取 $\eta_1=0.99$;η_2 为滚动轴承的效率,取 $\eta_2=0.98$;η_3 为闭式齿轮传动副的效率,取 $\eta_3=0.97$;η_4 为滑动轴承的效率,取 $\eta_4=0.97$;η_5 为开式齿轮传动副的效率,取 $\eta_5=0.95$,则总效率为 $$\eta_{\mathrm{a}}=0.99^2\times0.98^2\times0.97\times0.97\times0.95=0.841$$ （3）所需电动机的功率　$P_{\mathrm{d}}=\dfrac{P_{\mathrm{w}}}{\eta_{\mathrm{a}}}=\dfrac{4.4}{0.841}$ kW $=5.23$ kW （4）确定电动机的功率。 电动机的额定功率要略大于所需电动机的功率,即 $P_{\mathrm{ed}}\geqslant P_{\mathrm{d}}$,查阅第 9 章表 9-1,选电动机的额定功率为 $P_{\mathrm{ed}}=5.5$ kW	工作机功率 $P_{\mathrm{w}}=4.4$ kW $\eta_1=0.99$ $\eta_2=0.98$ $\eta_3=0.97$ $\eta_4=0.97$ $\eta_5=0.95$ 总效率 $\eta_{\mathrm{a}}=0.841$ 所需电动机功率 $P_{\mathrm{d}}=5.23$ kW 电动机额定功率 $P_{\mathrm{ed}}=5.5$ kW
3. 确定电动机的转速	（1）确定总传动比范围。 传动装置是由一级减速器和开式齿轮传动机构组成的,一级减速器传动比范围为 $i_1'=3\sim6$,开式齿轮传动副的传动比范围为 $i_2'=3\sim7$,则总传动比范围为　$i'=i_1'\cdot i_2'=9\sim42$ （2）确定电动机的转速可选范围。 $n_{\mathrm{d}}'=i_{\mathrm{a}}'n=i_1'\cdot i_2'\cdot n=(9\sim42)\times105$ r/min $=945\sim4410$ r/min （3）确定电动机的转速。 符合这一范围的同步转速为 1000 r/min、1500 r/min、3000 r/min,故有三种方案可选。综合考虑电动机和传动装置的尺寸、重量、价格等,选择电动机型号为 Y132S-4,其主要性能参数见表 2-12,外形及安装尺寸见图 2-4 和表 2-13。	电动机转速可选范围 $n_{\mathrm{d}}'=945\sim4410$ r/min 电动机的型号为 Y132S-4

计算项目	计算与说明	主 要 结 果
4. 总传动比	电动机的型号为 Y132S-4,满载转速 $n_d=1440$ r/min。 卷筒转速 $n=105$ r/min,总传动比 $$i_a=\frac{n_d}{n}=\frac{1440}{105}=13.71$$	$n_d=1440$ r/min 总传动比 $i_a=13.71$
5. 分配传动比	传动装置是由一级减速器和开式齿轮传动机构组成的,总传动比为 $$i_a=i_1 \cdot i_2$$ 初选减速器传动比 $i_1=3.15$,则齿轮传动机构传动比 i_2 为 $$i_2=i_a/i_1=4.35$$	减速器传动比 $i_1=3.15$ 开式齿轮机构传动比 $i_2=4.35$
6. 各轴转速和传动比的计算	(1) 电动机的满载转速 $n_d=1440$ r/min。 (2) 轴 I 的转速 $n_I=n_d=1440$ r/min。 (3) 轴 I 与轴 II 的传动比就是减速器的传动比 $$i_{I II}=i_1=3.15$$ (4) 轴 II 的转速 $n_{II}=\frac{n_I}{i_1}=\frac{1440}{3.15}$ r/min=457.14 r/min (5) 轴 III 与轴 II 的转速一致,即 $$n_{III}=n_{II}=457.14 \text{ r/min}$$ (6) 鼓轮卷筒轴 IV 与轴 III 的传动比就是开式齿轮副的传动比 $$i_{III IV}=i_2=4.35$$ (7) 鼓轮卷筒轴 IV 的转速 $$n_{IV}=\frac{n_{III}}{i_2}=\frac{457.14}{4.35} \text{ r/min}=105.09 \text{ r/min}$$ 该转速与题目中所要求的鼓轮卷筒轴的转速 $n=105$ r/min 相一致。	$n_d=1440$ r/min $n_I=1440$ r/min $i_{I II}=i_1=3.15$ $n_{II}=457.14$ r/min $n_{III}=457.14$ r/min $i_{III IV}=i_2=4.35$ $n_{IV}=105.09$ r/min
7. 各轴输入、输出功率的计算	(1) 电动轴的输出功率按工作机所需电动机功率 P_d 计算,即 $P_d=$ 5.23 kW。 (2) 轴 I 通过联轴器与电动机轴相连接,联轴器的效率 $\eta_1=0.99$,则该轴的输入功率 $$P_{I入}=P_d \cdot \eta_1=5.23×0.99 \text{ kW}=5.178 \text{ kW}$$ 轴 I 克服滚动轴承摩擦输出功率,滚动轴承的效率 $\eta_2=0.98$,则该轴的输出功率 $$P_{I出}=P_{I入} \cdot \eta_2=5.177×0.98 \text{ kW}=5.07 \text{ kW}$$ (3) 轴 II 通过闭式齿轮传动副输入功率,齿轮传动副的效率 $\eta_3=$ 0.97,则该轴的输入功率 $$P_{II入}=P_{I出} \cdot \eta_3=5.07×0.97 \text{ kW}=4.92 \text{ kW}$$ 轴 II 克服滚动轴承摩擦输出功率,滚动轴承的效率 $\eta_2=0.98$,则该轴的输出功率 $$P_{II出}=P_{II入} \cdot \eta_4=4.92×0.98 \text{ kW}=4.82 \text{ kW}$$ (4) 轴 III 通过联轴器输入功率,联轴器的效率 $\eta_1=0.99$,则该轴的输入功率 $$P_{III入}=P_{II出} \cdot \eta_1=4.82×0.99 \text{ kW}=4.77 \text{ kW}$$ 轴 III 克服滑动轴承摩擦输出功率,滑动轴承的效率 $\eta_4=0.97$,则该轴的输出功率 $$P_{III出}=P_{III入} \cdot \eta_4=4.77×0.97 \text{ kW}=4.63 \text{ kW}$$	$P_d=5.23$ kW $P_{I入}=5.178$ kW $P_{I出}=5.07$ kW $P_{II入}=4.92$ kW $P_{II出}=4.82$ kW $P_{III入}=4.77$ kW $P_{III出}=4.63$ kW

续表

计算项目	计 算 与 说 明	主 要 结 果
7. 各轴输入、输出功率的计算	（5）轴Ⅳ通过开式齿轮传动副输入功率，开式齿轮传动副的效率 $\eta_6 = 0.95$，则该轴的输入功率 $P_{\text{Ⅳ入}} = P_{\text{Ⅲ入}} \cdot \eta_6 = 4.63 \times 0.95 \text{ kW} = 4.40 \text{ kW}$ 该功率值与工作机工作所需功率 $P_{\text{w}} = 4.4 \text{ kW}$ 一致。	$P_{\text{Ⅳ入}} = 4.40 \text{ kW}$
8. 各轴输入、输出转矩的计算	（1）电动机轴的输出转矩为 $T_{\text{d}} = 9550 \dfrac{P_{\text{d}}}{n_{\text{d}}} = 9550 \times \dfrac{5.23}{1440} \text{ N} \cdot \text{m} = 34.685 \text{ N} \cdot \text{m}$ （2）轴Ⅰ的输入、输出转矩分别为 $T_{\text{Ⅰ入}} = 9550 \times \dfrac{P_{\text{Ⅰ入}}}{n_{\text{Ⅰ}}} = 9550 \times \dfrac{5.178}{1440} \text{ N} \cdot \text{m} = 34.34 \text{ N} \cdot \text{m}$ $T_{\text{Ⅰ出}} = T_{\text{Ⅰ入}} \cdot \eta_2 = 34.34 \times 0.98 \text{ N} \cdot \text{m} = 33.65 \text{ N} \cdot \text{m}$ （3）轴Ⅱ的输入、输出转矩分别为 $T_{\text{Ⅱ入}} = 9550 \times \dfrac{P_{\text{Ⅱ入}}}{n_{\text{Ⅱ}}} = 9550 \times \dfrac{4.92}{457.14} \text{ N} \cdot \text{m} = 102.78 \text{ N} \cdot \text{m}$ $T_{\text{Ⅱ出}} = T_{\text{Ⅱ入}} \cdot \eta_2 = 102.78 \times 0.98 \text{ N} \cdot \text{m} = 100.72 \text{ N} \cdot \text{m}$ （4）轴Ⅲ的输入、输出转矩分别为 $T_{\text{Ⅲ入}} = T_{\text{Ⅱ出}} \cdot \eta_1 = 100.72 \times 0.99 \text{ N} \cdot \text{m} = 99.71 \text{ N} \cdot \text{m}$ $T_{\text{Ⅲ出}} = T_{\text{Ⅲ入}} \cdot \eta_4 = 99.71 \times 0.97 \text{ N} \cdot \text{m} = 96.71 \text{ N} \cdot \text{m}$ （5）轴Ⅳ的输入转矩 $T_{\text{Ⅳ入}} = 9550 \times \dfrac{P_{\text{Ⅳ入}}}{n_{\text{Ⅳ}}} = 9550 \times \dfrac{4.40}{105.09} \text{ N} \cdot \text{m} = 399.85 \text{ N} \cdot \text{m}$ 该转矩与题目中驱动鼓轮卷筒轴输入端所需转矩 $T = 400 \text{ N} \cdot \text{m}$ 相一致。	$T_{\text{d}} = 34.685 \text{ N} \cdot \text{m}$ $T_{\text{Ⅰ入}} = 34.34 \text{ N} \cdot \text{m}$ $T_{\text{Ⅰ出}} = 33.65 \text{ N} \cdot \text{m}$ $T_{\text{Ⅱ入}} = 102.78 \text{ N} \cdot \text{m}$ $T_{\text{Ⅱ出}} = 100.72 \text{ N} \cdot \text{m}$ $T_{\text{Ⅲ入}} = 99.71 \text{ N} \cdot \text{m}$ $T_{\text{Ⅲ出}} = 96.71 \text{ N} \cdot \text{m}$ $T_{\text{Ⅳ入}} = 399.85 \text{ N} \cdot \text{m}$

表 2-12　Y132S-4 的主要性能参数

型　　号	额定功率 /kW	满载时转速 /(r/min)	堵转电流/额定电流 A	堵转转矩/额定转矩 /(N·m)	最大转矩/额定转矩 /(N·m)
Y132S-4	5.5	1440	7.0	2.2	2.3

表 2-13　Y132S-4 的主要外形及安装尺寸

中心高 H	外形尺寸 $L \times (AC/2 + AD) \times HD$	地脚安装尺寸 $A \times B$	地脚螺栓孔直径 K	轴伸尺寸 $D \times E$	装键部位尺寸 $F \times G$
132	475×347.5×315	216×140	12	38×80	10×33

将该例计算结果汇总，列于表 2-14。

表 2-14　例 2-4 题运动与动力参数计算结果汇总表

轴名或序号	功率 P/kW		转矩 T/(N·m)		转速 n/(r/min)
	输入	输出	输入	输出	
电动机轴		5.23		34.685	1440
轴Ⅰ	5.178	5.07	34.34	33.65	1440
轴Ⅱ	4.92	4.82	102.78	100.72	457.14
轴Ⅲ	4.77	4.63	99.71	96.71	457.14
轴Ⅳ	4.40		399.85		105.09

第3章 传动装置的设计计算

传动装置是传动系统中最重要的装置,它决定了传动系统的工作性能、结构布置和尺寸大小。此外,支承零件和连接零件都要根据传动装置来设计或选取。因此一般先设计计算传动装置,确定其尺寸、参数、材料和结构。减速器是独立、完整的传动部件,为使所设计的减速器原始条件比较准确,通常先做减速器外传动装置的设计计算,然后再计算减速器内部传动零件。

3.1 减速器外传动装置的设计计算

通常,由于课程设计的学时所限,对减速器外的传动装置只需确定主要参数和尺寸,而不需进行详细的结构设计。减速器外常用的传动装置有普通 V 带传动和开式齿轮传动,下面对其设计要点做简要说明。

3.1.1 普通 V 带传动

(1)普通 V 带传动所需的已知条件主要有:原动机种类和所需传递的功率;主动轮和从动轮的转速(或传动比);工作要求及对外形尺寸、传动位置的要求等。

(2)V 带已经标准化、系列化,设计的主要内容是确定 V 带型号、长度和根数,带轮的直径、材料和轮缘宽度,传动中心距及带轮的张紧装置等。

(3)注意带轮大小与其他机件的配装或协调关系。如果小带轮直接装在电动机轴上,如图 3-1 所示,则要注意小带轮直径与电动机中心高是否相称,其轴孔直径和长度与电动机轴是否一致。大带轮直径是否过大(见图 3-2),以致与机架发生干涉等。如果大带轮直接装在减速器的输入轴上,则应注意大带轮轴孔直径和长度与减速器输入轴轴伸尺寸的关系。大、小带轮直径及带长均应符合标准,如果有必要应重新修改前面的设计方案。

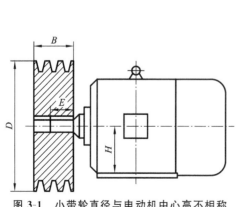

图 3-1 小带轮直径与电动机中心高不相称

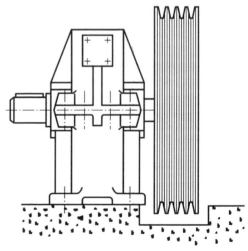

图 3-2 大带轮直径过大

（4）带轮结构形式主要由带轮直径大小而定,其具体结构及尺寸可查阅相关手册。画出结构草图,标明主要尺寸以备用。

（5）应计算出初拉力,以便安装时检查张紧要求及考虑张紧方式。

（6）应计算出 V 带对轴的压力,为轴的受力分析备用。

（7）要根据带传动的滑动率计算出带传动的实际传动比和从动带轮的转速,并以此修正减速器的传动比和输入转矩。

3.1.2　开式齿轮传动

（1）设计需要的已知条件主要有:传递功率（或转矩）、转速、传动比、工作条件和尺寸限制等。

（2）设计计算内容主要是:选择材料,确定齿轮传动的主要参数如齿数、模数、齿宽、中心距和螺旋角等,以及齿轮的其他几何尺寸和结构尺寸。

（3）开式齿轮一般用于低速,为使支承结构简单,常采用直齿。由于润滑和密封条件差,灰尘大,要注意材料配对,使轮齿具有较好的耐磨性和减摩性;大齿轮材料应考虑其毛坯尺寸和制造方法,尺寸较大时可选用铸铁,采用铸造毛坯。

（4）开式齿轮主要失效形式为磨损和齿根折断,一般只需要计算轮齿弯曲强度,考虑齿面磨损,应将强度计算求得的模数加大 10%～20%。

（5）开式齿轮支承刚度较小,齿宽系数应取小一些,以减轻轮齿载荷集中程度。

（6）画出齿轮结构草图,标明轮毂尺寸备用。

（7）尺寸参数确定后,应检查传动的外廓尺寸,如与其他零件发生干涉或碰撞,则应修改参数重新计算。

（8）按大、小齿轮的齿数比计算实际传动比,并视具体情况考虑是否需要修改减速器的传动比。

3.2　减速器齿轮传动机构的设计计算

软齿面闭式齿轮传动机构中,齿轮齿面接触强度较低,可先按齿面接触强度条件进行设计,确定中心距后,选择齿数与模数,然后校核齿根弯曲疲劳强度。硬齿面闭式齿轮传动机构中,齿轮的承载能力主要取决于轮齿的弯曲强度,常按轮齿弯曲强度条件进行设计,然后校核齿面接触强度。设计时注意以下几点:

（1）齿轮传动设计需要确定齿轮的材料、模数、齿数、螺旋角、旋向、分度圆直径、齿顶圆和齿根圆直径、齿宽和中心距等。

（2）选择材料时,应注意毛坯的制造方法。当齿轮直径 $d \leqslant 500$ mm 时,根据制造条件可采用锻造毛坯或铸造毛坯;当 $d > 500$ mm 时,多采用铸造毛坯。小齿轮根圆直径与轴颈接近时,多做成齿轮轴,材料应兼顾轴的要求。

（3）应按工作条件和尺寸要求来选择齿面硬度,从而选择不同的热处理方法。若是软齿面齿轮传动,则小齿轮的硬度高于大齿轮硬度 30～50 HBS。硬齿面齿轮一般无硬度差。

（4）齿轮强度计算公式中,载荷和几何参数是用小齿轮的输出转矩 T_1 和直径 d_1（或 mz_1）表示的,因此无论强度计算是针对小齿轮还是大齿轮,公式中的转矩、齿轮直径或齿数,都应是小齿轮的数值。

（5）齿轮设计时,应注意在确定齿数 $z_1(z_2)$、模数 $m(m_n)$ 和分度圆螺旋角 β 时,不能孤立地一个一个决定,而应综合考虑。当齿轮分度圆直径一定时,齿数多、模数小,既能增加重合度,改善传动平稳性,又能降低齿高,减小滑动系数,减轻磨损和胶合程度。但齿数多、模数小,又会降低轮齿的弯曲强度。对于闭式齿轮传动,一般取 $z_1 = 20 \sim 40$;对于动力齿轮传动,齿轮模数 m 一般不宜小于 2 mm;对于高速齿轮传动,大、小齿轮的齿数应互为质数。对于斜齿轮,螺旋角 β 不能太大或太小,一般取 $\beta = 8° \sim 25°$。

(6)根据 $b = \phi_d d_1$ 求出的齿宽 b 是一对齿轮的工作啮合宽度,为补偿齿轮轴向安装位置误差,应使小齿轮宽度大于大齿轮宽度,因此大齿轮宽度取 $b_2 = b$,而小齿轮的宽度取 $b_1 = b +$(5~10)mm,齿宽数值应圆整。

(7)要正确处理设计计算的尺寸数据,应分不同情况进行标准化、圆整或求出精确数值。例如,模数必须为标准值,中心距最好圆整,齿宽应圆整,啮合几何尺寸如分度圆、齿根圆、齿顶圆直径和螺旋角等必须取精确的计算数值,一般精确到小数点后面两位;螺旋角应精确到秒。

(8)齿轮的孔径和轮毂尺寸因与轴的结构尺寸有关,因而应在轴的结构设计完成后再进行。而轮辐、圆角和工艺斜度等结构尺寸可以在零件工作图的设计过程中确定。

3.3 传动装置的设计计算示例

例 3-1 已知条件见例 2-1 至例 2-3 的原始数据、工作条件和设计计算结果,设计胶带输送机传动系统中减速器外的带传动装置。

解 设计计算过程见表 3-1。

表 3-1 例 3-1 的设计计算过程

计 算 项 目	计 算 过 程	主 要 结 果
1. 确 定 计算功率 P_d	(1)根据工作条件:三班制连续工作,单向连续转动,载荷平稳,有轻微冲击,设计寿命 10 年,每年检修一次。 查文献[1]中表 9-6"工况系数 K_A"得:工况系数 $K_A = 1.3$。 (2)带传动传递的功率即为电动机的输出功率 $$P_w = 4.08 \text{ kW}$$ 故 $$P_d = K_A P = 1.3 \times 4.08 \text{ kW} = 5.304 \text{ kW}$$	$K_A = 1.3$ $P_d = 5.304 \text{ kW}$
2. 选择 V 带的型号	根据 $P_d = 5.304 \text{ kW}$ 和小带轮的转速 $n_1 = 960 \text{ r/min}$,由文献[1]中图 9-11"普通 V 带选型"选用 A 型带	A 型
3. 确定小带轮的基准直径 d_{d1}	根据文献[1]中表 9-3"普通 V 带轮最小基准直径 d_{dmin} 及基准直径系列",采用 A 型带时,小带轮的最小基准直径为 75 mm,初选取小带轮基准直径 $d_{d1} = 112 \text{ mm}$	$d_{d1} = 112 \text{ mm}$
4. 确定大带轮基准直径 d_{d2}	(1)带传动分配的传动比为 $i = i_1 = 3.1$ $$d_{d2} = i d_{d1} = 3.1 \times 112 \text{ mm} = 347.2 \text{ mm}$$ 大带轮直径 d_{d2} 应取标准系列值,查文献[1]中表 9-3,取 $d_{d2} = 355 \text{ mm}$ (2)带传动的实际传动比 $$i = \frac{d_{d2}}{d_{d1}} = \frac{355}{112} = 3.17$$	$d_{d2} = 355 \text{ mm}$ $i = 3.17$

续表

计 算 项 目	计 算 过 程	主 要 结 果
5. 验算带速 v	$v = \dfrac{\pi d_{d1} n_1}{60 \times 1000} = \dfrac{\pi \times 112 \times 960}{60 \times 1000}$ m/s $= 5.63$ m/s 带传动的速度在 $5 \sim 25$ m/s 范围之内，符合要求	$v = 5.63$ m/s
6. 初定中心距	一般按下式推荐初步确定中心距 $$0.7(d_{d1} + d_{d2}) < a_0 < 2(d_{d1} + d_{d2})$$ 本题中心距取值范围为 $$327 \text{ mm} < a_0 < 934 \text{ mm}$$ 故初取 $a_0 = 500$ mm	$a_0 = 500$ mm
7. 计算带的基准长度 L_d	$\begin{aligned} L_0 &= 2a_0 + \dfrac{\pi}{2}(d_{d1} + d_{d2}) + \dfrac{(d_{d2} - d_{d1})^2}{4a_0} \\ &= 2 \times 500 + \dfrac{\pi}{2}(112 + 355) + \dfrac{(355 - 112)^2}{4 \times 500} \\ &= 1763 \text{ mm} \end{aligned}$ 根据文献[1]中表 9-2"普通 V 带基准长度系列 L_d 及带长修正系数 K_L"选取基准长度 $L_d = 1800$ mm	$L_d = 1800$ mm
8. 确定实际中心距	$\begin{aligned} a &\approx a_0 + \dfrac{L_d - L_0}{2} = \left(500 + \dfrac{1800 - 1762}{2}\right) \text{mm} \\ &= 519 \text{ mm} \end{aligned}$ 确定中心距变动调整范围： $a_{max} \approx a + 0.03 L_d = (519 + 0.03 \times 1800) \text{ mm} = 573 \text{ mm}$ $a_{min} \approx a - 0.015 L_d = (519 - 0.015 \times 1800) \text{ mm} = 492 \text{ mm}$	$a_{max} = 573$ mm $a_{min} = 492$ mm
9. 验算小带轮上的包角 α_1	$\begin{aligned} \alpha_1 &\approx 180° - \dfrac{d_{d2} - d_{d1}}{a} \times 57.3° = 180° - \dfrac{355 - 112}{519} \times 57.3° \\ &\approx 153° > 120° \end{aligned}$ 可用	$\alpha_1 = 153°$
10. 确定单根 V 带额定功率 P_0	由 $d_{d1} = 112$ mm 和 $n_1 = 960$ r/min，由文献[1]中表 9-5"包角 $\alpha = 180°$、特定带长、工作平稳情况下，单根 V 带的额定功率 P_0"查得 A 型带 $P_0 = 1.16$ kW	$P_0 = 1.16$ kW
11. 确定功率增量 ΔP_0	根据 $n_1 = 960$ r/min，$i = 3.17$ 由文献[1]中表 9-7"考虑 $i \neq 1$ 时，单根 V 带的额定功率增量 ΔP_0"查得 A 型带 $\Delta P_0 = 0.109$ kW	$\Delta P_0 = 0.109$ kW
12. 确定 V 带根数 z	V 带根数的计算式 $$z \geqslant \dfrac{P_d}{[P_0]} = \dfrac{P_d}{(P_0 + \Delta P_0) K_a K_L}$$ 由 $\alpha_1 = 153°$ 查文献[1]中表 9-8"小带轮的包角修正系数 K_a"得：$K_a = 0.926$。 由 $L_d = 1800$ mm 查文献[1]中表 9-2 得：$K_L = 1.01$。 $$z \geqslant \dfrac{5.304}{(1.16 + 0.109) \times 0.926 \times 1.01} = 4.47$$ 取 $z = 5$ 根	$K_a = 0.926$ $K_L = 1.01$ $z = 5$ 根

续表

计算项目	计算过程	主要结果
13. 计算单根 V 带的初拉力 F_0	由文献[1]中表 9-1"普通 V 带截面基本尺寸"查得 A 型带单位长度质量 $q=0.105$ kg/m,得 $$F_0 = 500\frac{P_d}{zv}\left(\frac{2.5}{K_a}-1\right)+qv^2$$ $$= \left[500\times\frac{5.304}{5\times5.63}\left(\frac{2.5}{0.926}-1\right)+0.105\times5.63^2\right] \text{ N}$$ $$\approx 163 \text{ N}$$	$F_0=163$ N
14. 计算带对轴的压力	带对轴的压力 $$F_Q = 2zF_0\sin\frac{\alpha_1}{2} = 2\times5\times163\times\sin\frac{153°}{2} \text{ N} \approx 1585 \text{ N}$$	$F_Q=1585$ N
15. 主要设计结果	带型号:A 型普通 V 带 带基准长度:$L_d=1800$ mm 带根数:$z=5$ 带轮基准直径:$d_{d1}=112$ mm,$d_{d2}=355$ mm 中心距变动调整范围:492~573 mm 初拉力:$F_0=163$ N 带对轴的压力:$F_Q=1585$ N	

例 3-2 已知条件见例 2-4 的原始数据、工作条件和设计计算结果。设计胶带输送机传动系统中减速器外的开式齿轮传动机构。

解 设计计算过程见表 3-2。

表 3-2　例 3-2 的设计计算过程

计算项目	计算与说明	主要结果
1. 初选材料及精度等级	(1)选择材料和热处理方法 　因该传动为开式齿轮传动,主要失效形式是齿面磨损,因此大、小齿轮采用硬齿面组合,以提高齿面抗磨损能力。按文献[1]中表 5-2"常用齿轮材料的力学性能",大、小齿轮的材料均采用 45 钢调质后表面淬火,齿面硬度为 45 HRC。 (2)选取精度等级:根据工作要求,选 8 级精度即可。	材料:45 钢 热处理:调质后表面淬火 8 级精度
2. 确定许用应力	因该齿轮传动机构是开式齿轮传动机构,故应按齿根弯曲疲劳强度进行设计,并适当增大模数来补偿磨损的影响,故应只需确定弯曲许用应力。 　大、小齿轮的材料,热处理方式及齿面硬度相同,故其许用应力也相同。 　由文献[1]中图 5-39"齿根弯曲疲劳极限 σ_{Flim}",一般工业齿轮取中值MQ,查取齿根弯曲疲劳极限: $$\sigma_{Flim}=330 \text{ MPa}$$ 由文献[1]中表 5-8"安全系数 S_H 和 S_F"查取安全系数,得 $S_F=$ 1.5,故 $$[\sigma_{F1}]=[\sigma_{F2}]=\frac{\sigma_{Flim}}{S_F}=\frac{330}{1.5} \text{ MPa}=220 \text{ MPa}$$	$\sigma_{Flim}=330$ MPa $S_F=1.5$ $[\sigma_{F1}]=[\sigma_{F2}]=220$ MPa

计算项目	计算与说明	主 要 结 果
3. 按齿根弯曲疲劳强度公式进行设计计算	(1) 设计公式为 $$m \geqslant \sqrt[3]{\dfrac{2KT_1 Y_{Fa} Y_{Sa}}{\phi_d z_1^2 [\sigma_F]}}$$ (2) 确定相关参数。 ① 载荷系数:由电动机驱动,载荷平稳无冲击,由文献[1]中表 5-3"载荷系数 K"查取载荷系数 $K=1.1$。 ② 齿宽系数 ϕ_d:该齿轮悬臂布置,按文献[1]中表 5-7"圆柱齿轮的齿宽系数 ϕ_d"取齿宽系数 $\phi_d=0.4$。 ③ 小齿轮传递的转矩 T_1 就是轴Ⅲ的输出转矩 $$T_1 = 9.671 \times 10^4 \text{ N} \cdot \text{mm}$$ ④ 齿轮传动的传动比: $i_2=4.35$ 初选小齿轮齿数: $z_1=20$ 则大齿轮齿数: $z_2 = i_2 z_1 = 4.35 \times 20 = 87$ ⑤ 根据齿数由文献[1]中图 5-26"齿形系数 Y_{Fa}"查得齿形系数: $$Y_{Fa1}=2.89, \quad Y_{Fa2}=2.23$$ ⑥ 由文献[1]中图 5-27"应力修正系数 Y_{Sa}"查得应力修正系数: $$Y_{Sa1}=1.58, \quad Y_{Sa2}=1.86$$ ⑦ 比较大、小齿轮的 $\dfrac{Y_{Fa} Y_{Sa}}{[\sigma_F]}$。 $$\frac{Y_{Fa1} Y_{Sa1}}{[\sigma_{F1}]} = \frac{2.89 \times 1.58}{220} = 0.0208$$ $$\frac{Y_{Fa2} Y_{Sa2}}{[\sigma_{F2}]} = \frac{2.23 \times 1.86}{220} = 0.0189$$ 所以 $\dfrac{Y_{Fa1} Y_{Sa1}}{[\sigma_{F1}]} > \dfrac{Y_{Fa2} Y_{Sa2}}{[\sigma_{F2}]}$,故将 $\dfrac{Y_{Fa1} Y_{Sa1}}{[\sigma_{F1}]}$ 代入计算。 (3) 把相应参数带入公式计算模数 m: $$m \geqslant \sqrt[3]{\frac{2KT_1 Y_{Fa} Y_{Sa}}{\phi_d z_1^2 [\sigma_F]}} = \sqrt[3]{\frac{2 \times 1.1 \times 9.671 \times 10^4}{0.4 \times 20^2} \times 0.0208} \text{ mm}$$ $$= 3.02 \text{ mm}$$ 考虑到开式齿轮传动齿面的磨损,将计算结果加大 $10\% \sim 20\%$,得 $m = 3.32 \sim 3.62$。 由文献[1]中表 5-1"标准模数系列"取标准模数: $m=4$ mm (4) 计算和修正初选参数。 ① 中心距为 $$a = \frac{m}{2}(z_1 + z_2) = \frac{4}{2} \times (20+87) \text{ mm} = 214 \text{ mm}$$ 设计题目中的胶带输送机传动系统如图 2-8 所示,由该图可知,开式齿轮传动的中心距 a 必须大于滚筒半径与开式齿轮传动机构中小齿轮支承轴(Ⅲ轴)半径之和,否则滚筒将与小齿轮支承轴发生干涉而无法正常运转。已知滚筒半径 $r_{滚筒}=175$ mm,小齿轮支承轴半径可根据该轴传递的扭矩估算。 轴径估算公式: $d \geqslant C \sqrt[3]{\dfrac{P}{n}}$	$K=1.1$ $\phi_d = 0.4$ $i_2 = 4.35$ $z_1 = 20$ $z_2 = 87$ $Y_{Fa1} = 2.89$ $Y_{Fa2} = 2.23$ $Y_{Sa1} = 1.58$ $Y_{Sa2} = 1.86$ $m = 4$ mm $a = 214$ mm

计算项目	计算与说明	主 要 结 果
3. 按齿根弯曲疲劳强度公式进行设计计算	轴的材料选用 45 钢经调质处理,由文献[1]中表 11-2"轴常用材料的 $[\tau]$ 值和 C 值"查得 $C=110$。 根据例 2-4 计算结果可知 $$P=4.63 \text{ kW}, \quad n=457.14 \text{ r/min}$$ 代入公式可得该轴直径: $$d \geqslant C\sqrt[3]{\frac{P}{n}} = 110\sqrt[3]{\frac{4.63}{457.14}} \text{ mm} = 23.8 \text{ mm}$$ 由计算结果可知开式齿轮传动的中心距 a 大于滚筒半径与开式齿轮传动机构中小齿轮支承轴半径之和,满足结构要求。 ② 齿宽:$b=\phi_d d_1=\phi_d m z_1=0.4\times4\times20 \text{ mm}=32 \text{ mm}$ 取 $b_1=38 \text{ mm},b_2=32 \text{ mm}$(为补偿误差,通常使小齿轮齿宽略大一些)。 ③ 确定精度等级。 因齿轮圆周速度 $$v=\frac{\pi d_1 n_1}{60\times1000}=\frac{\pi\times80\times457.14}{60\times1000} \text{ m/s}=1.91 \text{ m/s}$$ 对照文献[1]中表 5-10"根据齿面硬度及圆周速度 v 选用传动精度等级"可知,选用 8 级精度合适。	$b_1=38 \text{ mm}$ $b_2=32 \text{ mm}$
4. 计算和整理齿轮的几何参数	(1) 模数 $m=4 \text{ mm}$。 (2) 齿数 $z_1=20,z_2=87$。 (3) 分度圆直径 $d_1=80 \text{ mm},d_2=348 \text{ mm}$。 (4) 齿顶圆直径 $d_{a1}=88 \text{ mm},d_{a2}=356 \text{ mm}$。 (5) 齿根圆直径 $d_{f1}=70 \text{ mm},d_{f2}=338 \text{ mm}$。 (6) 中心距 $a=214 \text{ mm}$。 (7) 齿宽 $b_1=38 \text{ mm},b_2=32 \text{ mm}$。	

例 3-3　已知条件见例 2-4 的原始数据、工作条件和设计计算结果。设计计算胶带输送机传动系统中减速器内的齿轮传动机构。

解　设计计算过程见表 3-3。

表 3-3　例 3-3 的设计计算过程

计算项目	计算与说明	主 要 结 果
1. 初选材料及精度等级	(1) 选择材料和确定许用应力。 按文献[1]中表 5-2"常用齿轮材料的力学性能",小齿轮采用 45 钢,经调质处理,齿面硬度为 225 HBS,大齿轮采用 45 钢正火,齿面硬度为 200 HBS。 (2) 选取精度等级:根据工作要求,选 8 级精度即可。	材料:小齿轮 45 钢调质,大齿轮 45 钢正火 8 级精度
2. 确定许用应力	因该齿轮是闭式软齿面齿轮,故应按齿面接触疲劳强度进行设计,按齿根弯曲疲劳强度进行校核,故应同时确定接触许用应力和弯曲许用应力。 (1) 大小齿轮的许用接触应力 由文献[1]中图 5-38"齿面接触疲劳极限 σ_{Hlim}"查取齿面接触疲劳极限,得	

计算项目	计算与说明	主 要 结 果
2. 确定许用应力	$\sigma_{Hlim1}=580$ MPa,　　$\sigma_{Hlim2}=560$ MPa 由文献[1]中表 5-8"安全系数 S_H 和 S_F"查取安全系数,得 $$S_H=1.1$$ $$[\sigma_{H1}]=\frac{\sigma_{Hlim1}}{S_H}=\frac{580}{1.1}\text{ MPa}=527.3\text{ MPa}$$ $$[\sigma_{H2}]=\frac{\sigma_{Hlim2}}{S_H}=\frac{560}{1.1}\text{ MPa}=509.1\text{ MPa}$$ (2) 确定大、小齿轮的许用弯曲应力。 　由文献[1]中图 5-39"齿根弯曲疲劳极限 σ_{Flim}"查取:$\sigma_{Flim1}=$ 225 MPa,$\sigma_{Flim2}=210$ MPa。 　由文献[1]中表 5-8"安全系数 S_H 和 S_F"查取:$S_F=1.3$ $$[\sigma_{F1}]=\frac{\sigma_{Flim1}}{S_F}=\frac{225}{1.3}\text{ MPa}=173.1\text{ MPa}$$ $$[\sigma_{F2}]=\frac{\sigma_{Flim2}}{S_F}=\frac{210}{1.3}\text{ MPa}=161.5\text{ MPa}$$	$\sigma_{Hlim1}=580$ MPa $\sigma_{Hlim2}=560$ MPa $S_H=1.1$ $[\sigma_{H1}]=527.3$ MPa $[\sigma_{H2}]=509.1$ MPa $\sigma_{Flim1}=225$ MPa $\sigma_{Flim2}=210$ MPa $S_F=1.3$ $[\sigma_{F1}]=173.1$ MPa $[\sigma_{F2}]=161.5$ MPa
3. 按齿面接触疲劳强度进行设计计算	(1) 设计公式为 $$d_1\geqslant\sqrt[3]{\frac{2KT_1}{\phi_d}\cdot\frac{i+1}{i}\left(\frac{Z_E Z_H}{[\sigma_H]}\right)^2}$$ (2) 确定相关系数。 　① 载荷系数 K:由电动机驱动,载荷平稳,有轻微冲击,由文献[1]中表 5-3"载荷系数 K"取载荷系数 $K=1.1$。 　② 小齿轮转矩 T_1 就是轴Ⅰ的输出转矩,故 $$T_1=3.365\times10^4\text{ N·mm}$$ 　③ 齿宽系数 ϕ_d:因两支承相对齿轮对称布置.按文献[1]中表 5-7"圆柱齿轮的齿宽系数 ϕ_d"取 $\phi_d=1.0$。 　④ 传动比 i:$i=3.15$。 　⑤ 弹性影响系数 Z_E:因两齿轮材料均为碳钢,由文献[1]中表 5-4"弹性影响系数 Z_E",得 $Z_E=189.8\sqrt{\text{MPa}}$。 　⑥ 节点区域系数 Z_H:该齿轮为标准直齿圆柱齿轮,因此 $Z_H=2.5$。 　⑦ 比较大、小齿轮的$[\sigma_{H1}]=527.3$ MPa 和$[\sigma_{H2}]=509.1$ MPa,将较小者代入公式,即取$[\sigma_H]=[\sigma_{H2}]=509.1$ MPa。 (3) 将数值代入设计公式,计算 d_1。 $$d_1\geqslant\sqrt[3]{\frac{2\times1.1\times3.365\times10^4}{1}\times\frac{3.15+1}{3.15}\left(\frac{189.8\times2.5}{509.1}\right)^2}\text{ mm}$$ $$=43.92\text{ mm}$$ (4) 计算和修正初选参数。 　① 初选齿数。 　取小齿轮齿数 $z_1=23$。$z_2=i\cdot z_1=3.15\times23=72.45$ 　经圆整后取 $z_2=72$。 　实际传动比为　　$i_1=\dfrac{z_2}{z_1}=\dfrac{72}{23}=3.13$ 　② 确定模数 m。	 $K=1.1$ $T_1=3.365\times10^4$ N·mm $\phi_d=1.0$ $Z_E=189.8\sqrt{\text{MPa}}$ $Z_H=2.5$ $d_1=43.92$ mm $z_1=23$ $z_2=72$ $i_1=3.13$

续表

计算项目	计算与说明	主要结果
3. 按齿面接触疲劳强度进行设计计算	$$m=\frac{d_1}{z_1}=\frac{43.92}{23}\text{ mm}=1.91\text{ mm}$$ 由文献[1]中表 5-1"标准模数系列"取标准模数：$m=2$ mm。 ③ 确定中心距 a： $$a=\frac{m}{2}(z_1+z_2)=\frac{2}{2}(23+72)\text{ mm}=95\text{ mm}$$ ④ 确定分度圆直径： $$d_1=mz_1=2\times23\text{ mm}=46\text{ mm}$$ $$d_2=mz_2=2\times72\text{ mm}=144\text{ mm}$$ ⑤ 确定齿宽： $$b=\phi_{\text{d}}\cdot d_1=1.0\times46\text{ mm}=46\text{ mm}$$ 取 $b_2=50$ mm，$b_1=55$ mm（为补偿误差，通常使小齿轮齿宽略大一些）。 ⑥ 精度等级 $$v=\frac{\pi d_1 n_1}{60\times1000}=\frac{\pi\times46\times1440}{60\times1000}\text{ m/s}=3.47\text{ m/s}$$ 对照文献[1]中表 5-10"根据齿面硬度及圆周速度 v 选用传动精度等级"可知，选用 8 级精度合适。	$m=2$ mm $a=95$ mm $d_1=46$ mm $d_2=144$ mm $b_2=50$ mm $b_1=55$ mm
4. 按齿根弯曲疲劳强度进行校核	（1）校核公式为 $$\sigma_{\text{F}}=\frac{2KT_1}{\phi_{\text{d}}z_1^2 m^3}\cdot F_{\text{Fa}}\cdot Y_{\text{Sa}}\leqslant[\sigma_{\text{F}}]$$ （2）确定相关参数。 ① 齿形系数 Y_{Fa1}、Y_{Fa2}：由文献[1]中图 5-26"齿形系数 Y_{Fa}"查得 $Y_{\text{Fa1}}=2.76$，$Y_{\text{Fa2}}=2.27$。 ② 应力修正系数 Y_{Sa1}、Y_{Sa2}：由文献[1]中图 5-27"应力修正系数 Y_{Sa}"查得 $Y_{\text{Sa1}}=1.61$，$Y_{\text{Sa2}}=1.82$ （3）进行校核计算。 由校核公式验算齿根弯曲疲劳强度： $$\sigma_{\text{F1}}=\frac{2KT_1}{\phi_{\text{d}}z_1^2 m^3}\cdot Y_{\text{Fa1}}\cdot Y_{\text{Sa1}}=\frac{2\times1.1\times33.65\times10^3}{1.0\times23^2\times2^3}\times2.76\times1.61\text{ MPa}$$ $$=77.73\text{ MPa}\leqslant[\sigma_{\text{F1}}]$$ $$\sigma_{\text{F2}}=\frac{2KT_1}{\phi_{\text{d}}z_1^2 m^3}\cdot Y_{\text{Fa2}}\cdot Y_{\text{Sa2}}=\frac{2\times1.1\times33.65\times10^3}{1.0\times23^2\times2^3}\times2.27\times1.82\text{ MPa}$$ $$=72.27\text{ MPa}\leqslant[\sigma_{\text{F2}}]$$ 故齿轮弯曲疲劳强度满足要求。	$Y_{\text{Fa1}}=2.76$ $Y_{\text{Fa2}}=2.27$ $Y_{\text{Sa1}}=1.61$ $Y_{\text{Sa2}}=1.82$ $\sigma_{\text{F1}}=77.73$ MPa $\sigma_{\text{F2}}=72.27$ MPa $\sigma_{\text{F1}}\leqslant[\sigma_{\text{F1}}]$ $\sigma_{\text{F2}}\leqslant[\sigma_{\text{F2}}]$
5. 计算和整理齿轮的几何参数	① 模数 $m=2$ mm。 ② 齿数 $z_1=23$，$z_2=72$。 ③ 分度圆直径 $d_1=46$ mm，$d_2=144$ mm。 ④ 齿顶圆直径 $d_{\text{a1}}=50$ mm，$d_{\text{a2}}=148$ mm。 ⑤ 齿根圆直径 $d_{\text{f1}}=41$ mm，$d_{\text{f2}}=139$ mm。 ⑥ 中心距 $\frac{m}{2}(z_1+z_2)=\frac{2}{2}(23+72)$ mm$=95$ mm。 ⑦ 齿宽 $b_1=55$ mm，$b_2=50$ mm。	

计算项目	计算与说明	主 要 结 果
6. 齿轮的结构设计	小齿轮的齿顶圆直径 $d_{a1}=50$ mm，可制成实心式结构或齿轮轴，其结构尺寸主要根据相配轴及键的尺寸来确定。 　　大齿轮的齿顶圆直径 $d_{a2}=148$ mm，可制成实心式结构，结构尺寸根据相配轴及键的尺寸确定。	

第 4 章 减速器的结构与润滑

减速器是位于原动机和工作机之间的重要部分,是实现减速运动和传递动力的机械传动装置。目前常用的减速器已经标准化,可根据具体工作条件进行选择。课程设计中的减速器设计是根据给定的条件,参考标准系列产品的有关资料进行的非标准化设计。

4.1 减速器的结构

减速器的基本结构都是由齿轮传动件、轴系部件、箱体、连接件(螺栓、螺钉、销、键)及附件组成的。图 4-1 所示为单级圆柱齿轮减速器的典型结构及主要零部件名称、相互关系。图4-2中标出了单级圆柱齿轮减速器典型结构的主要名称和箱体部分尺寸代号。

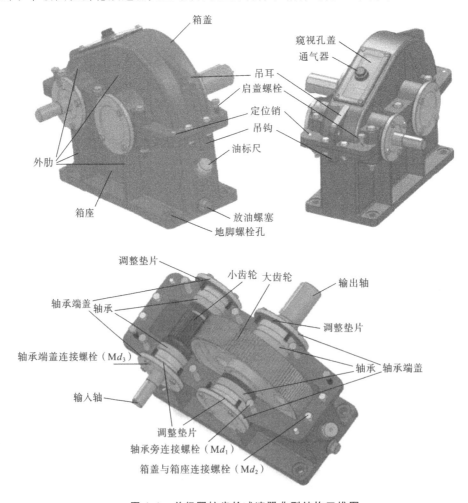

图 4-1 单级圆柱齿轮减速器典型结构三维图

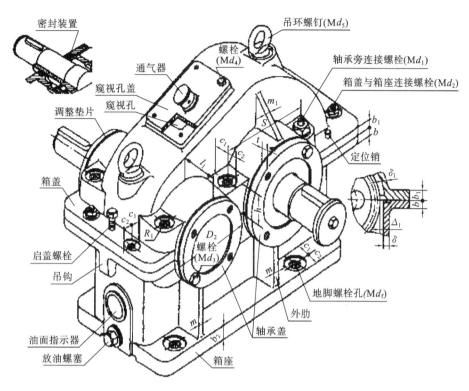

图 4-2   单级圆柱齿轮减速器典型结构主要名称及部分尺寸代号

4.1.1   箱体结构

减速器箱体是支持和固定轴系零部件,保证齿轮传动的啮合精度、良好润滑及密封性能的重要零件,其重量约占减速器整体重量的 50%。因此,箱体结构对减速器的工作性能、加工工艺、材料消耗、重量及成本等有很大影响,设计时必须全面考虑。

减速器箱体从结构形式上可分为剖分式和整体式。为了便于轴系部件的安装和拆卸,箱体大都做成剖分式,由箱座和箱盖组成,取轴的中心线所在平面为剖分面。箱座和箱盖采用普通螺栓连接,这样,齿轮、轴、滚动轴承等可在箱体外装配成轴系部件后再装入箱体,装拆方便。为了确保箱盖和箱座在加工轴承孔及装配时的相互位置,在剖分处的凸缘上设有两个圆锥销,用于精确定位。

箱体是减速器中结构和受力最复杂的零部件之一,为了保证足够的强度和刚度,箱体应有一定的壁厚,并在轴承座孔上、下处设置加强肋。设置在箱体外表面上的加强肋称为外肋,设置在箱体内表面上的加强肋称为内肋。外肋由于铸造工艺性较好,故应用广泛。

箱体按毛坯制造工艺和材料种类可以分为铸造箱体和焊接箱体。铸造箱体材料一般多采用灰铸铁材料(HT150、HT200),容易获得合理和复杂的结构形状,刚度好,易进行切削加工,承压能力和减振性好。对于重型大功率减速器的箱体,为提高强度,也可以采用铸钢材料(ZG200-400、ZG230-450)。铸造箱体工艺复杂,制造周期长,重量较大,因而多用于成批生产。对于单件、小批的减速器箱体也常采用钢板焊接的焊接箱体。

铸铁减速器箱体结构尺寸及相关零件的尺寸关系经验值见表 4-1。注意:结构尺寸一般需圆整。

表 4-1　铸铁减速器箱体结构尺寸　　　　　　　　（单位：mm）

名　称	符号	减速器尺寸关系
箱座壁厚	δ	$0.025a+1$（考虑铸造工艺，所有壁厚都不应小于 8）
箱盖壁厚	δ_1	$0.02a+1$（考虑铸造工艺，所有壁厚都不应小于 8）
箱座凸缘厚度	b	1.5δ
箱盖凸缘厚度	b_1	$1.5\delta_1$
箱座底凸缘厚度	b_2	2.5δ
地脚螺栓直径	d_f	$0.036a+12$（符合螺栓直径系列）
地脚螺栓数目	n	当 $a\leqslant250$ 时，　　　$n=4$ 当 $a>250\sim500$ 时，　$n=6$ 当 $a>500$ 时，　　　　$n=8$
轴承旁连接螺栓直径	d_1	$0.75d_f$（符合螺栓直径系列）
箱盖与箱座连接螺栓直径	d_2	$(0.5\sim0.6)d_f$（符合螺栓直径系列）
连接螺栓（Md_2）的间距	l	$150\sim200$
轴承端盖螺栓直径	d_3	$(0.4\sim0.5)d_f$（符合螺栓直径系列）
窥视孔盖螺栓直径	d_4	$(0.3\sim0.4)d_f$（符合螺栓直径系列）
定位销直径	d	$(0.7\sim0.8)d_2$（符合定位销直径系列）
连接螺栓（Md_1）至外壁距离	c_1	$c_1\geqslant c_{1min}$（见表 4-2）
连接螺栓（Md_1）至凸缘边缘距离	c_2	$c_2\geqslant c_{2min}$（见表 4-2）
连接螺栓（Md_2）至外壁距离	c_1	$c_1\geqslant c_{1min}$（见表 4-2）
连接螺栓（Md_2）至凸缘边缘距离	c_2	$c_2\geqslant c_{2min}$（见表 4-2）
地脚螺栓至外壁距离	c_1	$c_1\geqslant c_{1min}$（见表 4-2）
地脚螺栓至凸缘边缘距离	c_2	$c_2\geqslant c_{2min}$（见表 4-2）
轴承旁凸台半径	R_1	Md_1 螺栓的安装尺寸 c_2
凸台高度	h	根据轴承座外径确定，以便于扳手操作为准
外壁至轴承座端面距离	l_1	$c_1+c_2+(3\sim6)$
大齿轮顶圆与内壁距离	Δ_1	$\geqslant1.2\delta$
小齿轮端面与内壁距离	Δ_2	$\geqslant\delta$
箱盖外肋厚度	m_1	$m_1\approx0.85\delta_1$
箱座外肋厚度	m	$m\approx0.85\delta$
轴承端盖外径	D_2	$D+(5\sim5.5)d_3$　（D 为轴承外径）
轴承端盖凸缘厚度	t	$(1\sim1.2)d_3$
轴承旁连接螺栓距离	s	尽量靠近，以两连接螺栓互不干涉为准，一般取 $s\approx D_2$

表 4-2　螺栓连接 c_1、c_2 值　　　　　　　　　（单位：mm）

螺栓直径	M8	M10	M12	(M14)	M16	(M18)	M20	(M22)	M24	(M27)	M30
c_{1min}	13	16	18	20	22	24	26	30	34	36	40
c_{2min}	11	14	16	18	20	22	24	26	28	32	34
沉头座直径 D_0	18	22	26	30	33	36	40	43	48	53	61

注：带括号的螺纹直径为第 2 系列。

4.1.2　减速器的主要附件

为了保证减速器正常工作和具备完善的性能，在减速器箱体上所设置的某些必要的装置和零件，称为减速器的附件，参见图 4-1、图 4-2。

1. 窥视孔和窥视孔盖

在减速器顶部设置窥视孔，用于检查箱体内齿轮的啮合情况、润滑状态、接触斑点和齿侧间隙，还可由此注入润滑油。为防止污物进入箱体和润滑油外漏，窥视孔上设置了带密封垫的盖板，平时用螺钉固定在窥视孔上。

2. 通气器

减速器工作时，由于齿轮传动摩擦发热，箱体内的温度会升高，气压将增大。所以通常在箱盖顶部或窥视孔盖上安装通气器，使机体内的热气能自由逸出，达到箱体内、外气压相等。

3. 启盖螺栓

为了防止润滑油沿上、下箱体的剖分面渗出，减速器装配时，通常在剖分面处涂有水玻璃或密封胶。为便于拆卸，在箱盖凸缘上常装有 1～2 个启盖螺栓，拆卸箱盖时，可拧动启盖螺栓，顶起箱盖。

4. 定位销

为了保证箱体剖分面处轴承座孔的加工、装配精度，应在箱盖与箱座用螺栓连接后、镗轴承座孔前，在凸缘处安装两个定位销。考虑到定位精度，两个定位销应尽量相距较远且非对称。

5. 油面指示器

油面指示器用来检查减速器内的油面高度是否符合要求，以保证有正常的油量。油面指示器常放置在便于观察减速器油面及油面稳定之处。油面指示器有多种，常用的有油标尺和油标。

6. 放油孔和放油螺塞

减速器底部设有放油孔，用于排出污油。平时用带细牙螺纹的放油螺塞和密封垫圈堵住，防止漏油。

7. 起吊装置

起吊装置有吊环螺钉、吊耳和吊钩等。在箱盖上安装吊环螺钉（见图 4-2）或铸出吊耳（见图 4-1），以便于吊运或拆卸箱盖；在箱座两端连接凸缘下方铸出吊钩则是为了便于搬运整个减速器。

4.2　减速器的润滑与密封

减速器内的齿轮和滚动轴承都需要具有良好的润滑，以减少摩擦、磨损，提高效率，防锈，改善冷却和散热条件。润滑问题主要包括润滑剂和润滑方式的选择。润滑剂的主要性能及用途见表 9-15 和表 9-16。

4.2.1　齿轮润滑

　　工程上,齿轮传动中常用的润滑方式有油润滑和脂润滑。减速器内的齿轮传动多采用油润滑。脂润滑主要用于不易加油或低速、开式齿轮传动的场合。

　　油润滑主要有浸油润滑和喷油润滑。

　　浸油润滑是指在减速器内加注一定的润滑油(见图 4-3(a)),将大齿轮浸入油池中一定深度,当齿轮回转时,黏在其上的润滑油被带到啮合区进行润滑。同时,油池中的油被甩到箱壁上,可以散热。这种润滑方式适用于齿轮圆周速度 $v \leqslant 12$ m/s 的场合。

　　当齿轮圆周速度 $v > 12$ m/s 时,由于离心力的作用,黏在齿轮上的润滑油易被甩掉,啮合区得不到可靠供油,而且搅油会使油温升高,此时宜用喷油润滑(见图 4-3(b)),即利用液压泵将润滑油通过油嘴直接喷至啮合区对传动件进行润滑,同时也起到散热作用。但这时需专门的管路、滤油器、冷却及油量调节装置,因而费用较高。

　　换油时间一般为半年左右,主要取决于油中杂质多少及油被氧化、污染的程度。

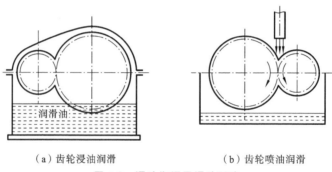

（a）齿轮浸油润滑　　　　　　　　（b）齿轮喷油润滑

图 4-3　浸油润滑及浸油深度

4.2.2　滚动轴承润滑

　　滚动轴承可以采用脂润滑也可采用油润滑。对于减速器中的滚动轴承,首先应考虑是否可以充分利用箱体内的润滑油进行润滑。根据经验,当齿轮的圆周速度 $v \geqslant 2$ m/s 时,滚动轴承多采用箱体内的润滑油进行油润滑。但是,当浸油齿轮的圆周速度 $v < 2$ m/s 时,滚动轴承宜采用脂润滑。

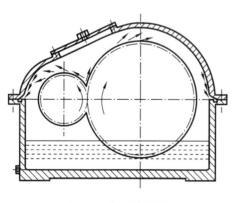

图 4-4　润滑油飞溅

　　脂润滑由于油脂不易流失,易于密封和维护,结构简单,且一次填充可运转较长时间,一般只需在初装配时和每隔一定时期(通常每年 1~2 次)将润滑脂填充到轴承室即可。但润滑脂黏性大,高速时摩擦损失大,散热效果较差,且润滑脂在较高温度时易变稀而流失。为防止箱内润滑油进入轴承而使润滑脂稀释流出,应在轴承内侧设置挡油板。

　　相对脂润滑来说,油润滑阻力小,有利于散热。减速器内齿轮传动的圆周速度 $v \geqslant 2$ m/s 时,就可利用浸油齿轮的旋转使润滑油飞溅出去,对轴承进行润滑,如图 4-4 所示。一般情况下,要在箱座剖分面上制出油沟,使溅到箱盖内壁上的润滑油流入油沟,再由油沟从轴承端盖上的油槽导入轴承,对轴承进行润滑。如图 4-5 所示。

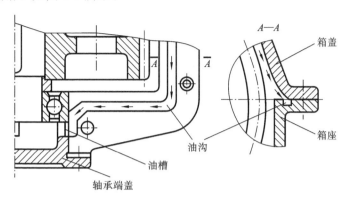

图 4-5　油沟导油润滑

当轴承用油润滑时,若轴承旁小齿轮的齿顶圆小于轴承的外径,为防止齿轮啮合时所挤出的热油大量冲向轴承,增加轴承阻力,这时常设置挡油盘,挡油盘可以用薄钢板冲压或用圆钢车制而成。

4.2.3　减速器箱体的密封

对减速器箱体进行密封,可以阻止箱体内的润滑剂流失,同时防止外界灰尘、水分及其他杂物渗入。减速器箱体需要密封的部位很多,一般有轴伸出处和轴承盖、箱体结合面,窥视孔和放油孔的结合面等处。

箱盖与箱体结合面的密封常用涂密封胶或水玻璃的方法实现,因此,对结合面的几何精度和表面粗糙度都有一定要求。为了提高结合面的密封性,可在结合面上开油沟,使渗入结合面之间的油重新流回箱体内部。窥视孔和放油孔结合面处一般要加密封油垫,以加强密封效果。

减速器外伸轴与轴承端盖处结合面采用间隙配合,易使润滑油或润滑脂渗漏或外界灰尘、水分、杂质渗入,应设置密封装置。常见的密封方式有接触式和非接触式两类。接触式密封是在轴承端盖内放置毛毡、皮碗或橡胶圈等软材料,与转动轴直接接触而起密封作用。非接触式密封是密封装置不与轴直接接触的密封方式,多用于速度较高的场合。

(1)毡圈密封,如图 4-6(a)所示。在轴承盖上开出梯形槽,将矩形剖面的毛毡圈放在轴承端盖梯形槽中与轴接触。这种密封结构简单,但摩擦较严重,多用于脂润滑轴承,也用于轴颈圆周速度较低($v=3\sim7$ m/s,一般按 $v<5$ m/s 计)的油润滑轴承。

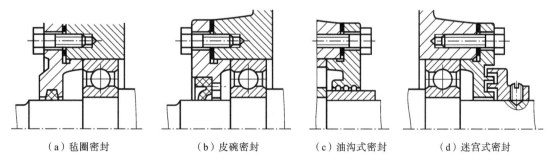

（a）毡圈密封　　　　（b）皮碗密封　　　　（c）油沟式密封　　　　（d）迷宫式密封

图 4-6　密封装置

（2）皮碗密封，如图 4-6(b)所示。在轴承盖中放置一个密封皮碗，它是用耐油橡胶等材料制成的，并装在一个钢外壳之中(有的没有钢外壳)的整体部件，皮碗与轴紧密接触而起密封作用。用一个螺旋弹簧压在皮碗的唇部可进一步增强封油效果。唇的方向朝向密封部位，唇朝内可防止漏油，唇朝外可防尘。当采用两个皮碗相背放置时，既可防尘又可防漏油。皮碗密封效果较好，应用广泛。

（3）油沟式密封，也称为隙缝密封，如图 4-6(c)所示。在轴与轴承端盖孔间留 $0.1\sim$ $0.3\ mm$ 间隙，并在轴承盖上车出沟槽，槽内填满润滑脂，以起密封作用。这种润滑形式适用于脂润滑场合及环境清洁的地方。

（4）迷宫式密封，如图 4-6(d)所示。将旋转的和固定的密封零件间的缝隙制成迷宫形式，缝隙间填满润滑脂以加强密封效果。这种方式对润滑脂和润滑油都很有效，环境比较脏时采用这种形式。

例 4-1　已知减速器内齿轮传动的中心距 $a＝167\ mm$，确定箱体结构其他主要尺寸如表 4-3 所示。

表 4-3　铸铁减速器箱体结构尺寸　　　　　　　（单位：mm）

名　　称	符号	减速器尺寸关系		
		计 算 公 式	计算值	取值
箱座壁厚	δ	$0.025a+1$	5.175	8
箱盖壁厚	δ_1	$0.02a+1$	4.34	8
箱座凸缘厚度	b	1.5δ	12	12
箱盖凸缘厚度	b_1	$1.5\delta_1$	12	12
箱座底凸缘厚度	b_2	2.5δ	20	20
地脚螺栓直径	d_f	$0.036a+12$(查表 4-2)	18	20
地脚螺栓数目	n	当 $a\leqslant250$ 时，$n＝4$	4	4
轴承旁连接螺栓直径	d_1	$0.75d_f$(查表 4-2)	15	16
箱盖与箱座连接螺栓直径	d_2	$(0.5\sim0.6)d_f$(查表 4-2)	$10\sim12$	12
连接螺栓(Md_2)的间距	l	$150\sim200$	$150\sim200$	155
轴承端盖螺栓直径	d_3	$(0.4\sim0.5)d_f$(查表 4-2)	$8\sim10$	10
窥视孔盖螺栓直径	d_4	$(0.3\sim0.4)d_f$(查表 4-2)	$6\sim8$	8
定位销直径	d	$(0.7\sim0.8)d_2$(查表 9-28、表 9-29)	$8.4\sim9.6$	8
连接螺栓(Md_1)至外壁距离	c_1	$c_1\geqslant c_{1min}$(见表 4-2)	22	22
连接螺栓(Md_1)至凸缘边缘距离	c_2	$c_2\geqslant c_{2min}$(见表 4-2)	20	20
连接螺栓(Md_2)至外壁距离	c_1	$c_1\geqslant c_{1min}$(见表 4-2)	18	18
连接螺栓(Md_2)至凸缘边缘距离	c_2	$c_2\geqslant c_{2min}$(见表 4-2)	16	16
地脚螺栓至外壁距离	c_1	$c_1\geqslant c_{1min}$(见表 4-2)	26	26
地脚螺栓至凸缘边缘距离	c_2	$c_2\geqslant c_{2min}$(见表 4-2)	24	24
轴承旁凸台半径	R_1	Md_1 螺栓的安装尺寸 c_2	20	20

名　　称	符号	减速器尺寸关系		
		计 算 公 式	计算值	取值
凸台高度	h		暂不定	
外壁至轴承座端面距离	l_1	$c_1+c_2+(3\sim6)$（c_1、c_2 为 Md_1 螺栓的安装尺寸）	$45\sim48$	48
大齿轮顶圆与内壁距离	Δ_1	$\geqslant1.2\delta$	9.6	12
小齿轮端面与内壁距离	Δ_2	$\geqslant\delta$	$\geqslant8$	10
箱盖外肋厚度	m_1	$m_1\approx0.85\delta_1$	6.8	7
箱座外肋厚度	m	$m\approx0.85\delta$	6.8	7
轴承端盖外径	D_2	$D+(5\sim5.5)d_3$	暂不定	
轴承端盖凸缘厚度	t	$(1\sim1.2)d_3$	$10\sim12$	10
轴承旁连接螺栓距离	s	$s\approx D_2$	暂不定	

第5章 减速器的结构设计

减速器是由众多零件组装在一起实现减速运动和传递动力的机械传动装置。各零部件的形状、尺寸和它们之间的相互位置关系、尺寸关系很复杂,因此减速器的设计总是从画减速器的装配图着手,从而确定所有零件的位置、形状和尺寸,并以此为依据绘制零件工作图。同时减速器装配图也是进行减速器组装、调试、维护的技术依据。因此,装配图设计及绘制是整个机械设计过程中的一个极为重要的环节。

由于大部分零件的结构和尺寸都是在减速器装配图的设计与绘制过程中决定的,所以在这个阶段要综合考虑减速器的工作要求、材料强度、刚度,以及加工、装拆、调整、润滑、密封、维护和经济性等各方面因素,要用足够的视图表达清晰。

由于设计及绘制装配图涉及的内容较多,既包括结构设计,又有校核计算,因此设计过程比较复杂,需采用"由主到次、由粗到细""边绘图、边计算、边修改"的方法逐渐递进完成。

根据前面有关设计计算,已取得下列参数、尺寸和数据:

(1)电动机的型号、电动机外伸轴(输出轴)直径和长度,中心高等外形和安装尺寸。

(2)各传动零件的主要参数和几何尺寸。如齿轮传动副中两齿轮的中心距、分度圆直径、齿顶圆直径、齿轮宽度等。

在这些数据的基础上,从减速器草图的绘制开始进行减速器的结构设计。

5.1 装配草图的绘制

绘制减速器装配草图的主要任务是绘制减速器箱体的主要轮廓线,确定轴系上各零件的关键位置尺寸、进行轴的结构设计,选择联轴器、轴承的型号,找出轴承支点和轴上力的作用点,继而对轴、轴承及键进行校核验算,从而为绘制正式装配图做好装备。

为了确定减速器箱体中轴系相对于箱体的位置关系,以及轴系上各零件的位置关系和几何尺寸,装配草图主要绘制的是从减速器箱盖和箱座的剖分面切开向下看的俯视图。

绘制装配草图时,尽量优先采用1:1的比例,以加强真实感。绘图过程中,对一些零件的几何尺寸和结构可能会有修改,所以着笔要轻,所画线条要细,以保持图面清洁。对于已标准化或规范化了的零件(如螺栓、螺母、滚动轴承等)可先用示意法或简化画法表示其外形轮廓尺寸,对零件的倒圆、倒角可不必画出。但要注意,对所定零件应严格按照选定的比例尺,精确绘制,以便获得零件准确的结构形状、尺寸数据及零件间的相互位置尺寸数据。

齿轮、轴和轴承等轴系零件是减速器的主要零件,其他零件的结构和尺寸均由这些零件的位置和几何尺寸确定。因此绘图时要先画主要零件,后画次要零件;先由箱体内的零件画起,逐步向外画;先画零件的中心线及轮廓线,后画详细结构。

对装配草图进行检查、修改、审定后,才开始绘制正式装配图。

5.1.1 确定齿轮和轴承在箱体中的位置

主要零件在箱体中的位置如图5-1所示。

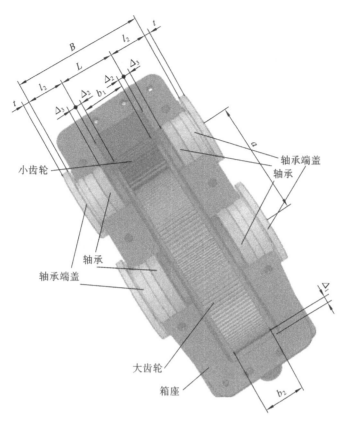

图 5-1　主要零件在箱体中的位置

（1）画齿轮中心线、轮廓线及机箱内壁轮廓线。

按照图面布局，画出两齿轮的轮廓线。根据齿轮的中心距 a，先画出两齿轮的中心线，再分别画出两齿轮的分度圆、齿顶圆及齿轮宽度对称线、齿轮宽度线等轮廓线。

应注意，为避免安装误差影响轮齿的接触宽度，齿轮设计计算时应使小齿轮齿宽 b_1 较大齿轮齿宽 b_2 大 5～10 mm。

画箱体内壁线。因铸造箱体的尺寸误差较大，箱体内表面凹凸不平，为了避免齿轮与箱体内壁间隙过小，甚至造成相碰，齿轮与箱体内壁应留有一定距离。箱体内壁与大齿轮顶圆之间应留有间隙 Δ_1、箱体内壁与小齿轮两端面应留有间隙 Δ_2。小齿轮顶圆一侧的内壁线目前无法确定，暂不画出，推荐的间隙 Δ_1、Δ_2 值见表 4-1。

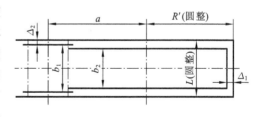

图 5-2　齿轮及内壁轮廓线

对箱体内壁宽 L 和左侧内壁与大齿轮中心之间的距离 R' 应进行圆整。如图 5-2 所示。

（2）确定轴承座的宽度。

轴承座主要用于对轴承进行支承和固定。对于剖分式齿轮减速器，箱体是由箱盖与箱座在剖分面凸缘处通过轴承旁的连接螺栓（Md_1）连接而成的，所以轴承座的宽度要保证安装螺栓时所需的扳手空间尺寸 c_1、c_2，如图 5-3 所示。这样，轴承座的宽度 l_2 从箱体内壁开始，加壁厚 δ 到箱体外壁，再加上扳手空间（c_1、c_2），再留出 3～6 mm 加工面与毛坯面的尺寸，则轴承座的宽度为 $l_2 = \delta + c_1 + c_2 + (3 \sim 6)$ mm，如图 5-4 所示。δ 的值见表 4-1，c_1、c_2 的值见表 4-2。

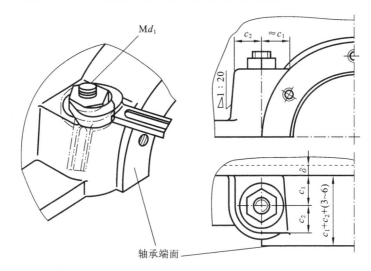

图 5-3　轴承旁螺栓扳手空间

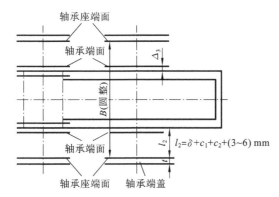

图 5-4　轴承座宽度及轴承位置确定

两轴承座端面之间的距离 B 应圆整。t 是轴承端盖凸缘厚度,参见图 5-1,数值见表 4-1。

（3）确定滚动轴承在轴承座中的位置。

滚动轴承的类型很多,类型选择的依据主要是轴承所受的载荷大小、方向、性质及轴承的转速。

滚动轴承的型号及尺寸要在轴的结构设计中才可确定。在这里主要确定轴承的轴向位置。

轴承在轴承座中的轴向位置与轴承的润滑方式有关。在第 4 章中已提到,轴承采用脂润滑还是油润滑与齿轮转动的线速度有关。轴承的润滑方式不同,轴的结构形式也不同。当轴承采用脂润滑时,要留出挡油板的空间,轴承内侧端面与箱体内壁之间的距离 Δ_3 可取 8～12 mm,如图 5-5(a)所示;当轴承采用箱体内的油进行油润滑时,轴承内侧端面与箱体内壁可重合或留出少许距离,常取 Δ_3 为 0～3 mm。如图 5-5(b)所示。

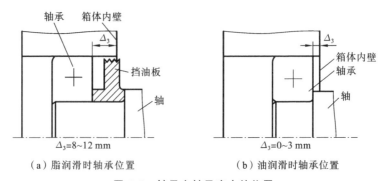

（a）脂润滑时轴承位置　　　　　（b）油润滑时轴承位置

图 5-5　轴承在轴承座中的位置

例 5-1　一单级直齿圆柱齿轮减速器,实现传动比 $i=4.57$。通过计算已知小齿轮轴传递的输入功率为 $P_1=4.74$ kW,输入转矩 $T_1=94.35$ N·m,转速 $n_1=480$ r/min,大齿轮轴传递

的输入功率为 $P_2 = 4.51$ kW,输入转矩 $T_2 = 409.87$ N·m,转速 $n_2 = 105$ r/min。通过齿轮设计计算,得到几何参数如下:小齿轮齿数 $z_1 = 30$,大齿轮 $z_2 = 137$,模数 $m = 2$ mm;小齿轮分度圆直径 $d_1 = 60$ mm,齿顶圆直径 $d_{a1} = 64$ mm,齿根圆直径 $d_{f1} = 55$ mm;大齿轮分度圆直径 $d_2 = 274$ mm,齿顶圆直径 $d_{a2} = 278$ mm,齿根圆直径 $d_{f2} = 269$ mm;齿宽 $b_1 = 65$ mm, $b_2 = 60$ mm;传动的中心距 $a = 167$ mm。因齿轮传动的圆周速度为 $v = 1.31$ m/s,故轴承选用脂润滑,绘制草图时所确定出的定位尺寸如表 5-1 所示。

表 5-1　直齿圆柱齿轮减速器定位尺寸　　　　　　　　　（单位:mm）

名　称	符号	减速器草图尺寸	
		计 算 公 式	取　值
箱座壁厚	δ	$0.025a + 1$	8
大齿轮顶圆与内壁距离	Δ_1	$\geqslant 1.2\delta$	12
小齿轮端面与内壁距离	Δ_2	$\geqslant \delta$	10
箱体内壁宽度	L	$L = b_1 + 2\Delta_2$	85
大齿轮中心与左内壁距离	R'	$R' = d_{a2}/2 + \Delta_1$	151
外壁至轴承座端距离	l_1	$c_1 + c_2 + (3\sim6)$ mm	48
内壁至轴承座端面距离	l_2	$\delta + c_1 + c_2 + (3\sim6)$ mm	56
两轴承座端面距离	B	$L + 2l_2$	197
轴承内侧端面与内壁距离	Δ_3	$8\sim12$	10
轴承端盖凸缘厚度	t	$(1\sim1.2)d_3$	10

5.1.2　轴的结构设计

　　齿轮和轴承相对于箱体的位置及箱体轴承座的宽度确定以后,就可以进行轴的结构设计了。轴的结构设计目的就是确定轴的结构形状和几何尺寸,在满足强度和刚度的前提下,确保轴上零件如齿轮、轴承和箱体之间的相对位置,即使轴上零件定位准确、固定可靠,且装拆方便,并具有良好的加工工艺性。在确定轴的结构和尺寸的同时,也要确定其他轴系零件及箱体的相关尺寸。

　　轴的结构设计总体分两步进行:先进行轴的结构形状设计,再进行轴的尺寸设计。轴通常设计为阶梯轴,中间粗,两头细。轴的几何尺寸包括轴的径向尺寸和轴向尺寸两类。

　　特别要强调的是,轴的结构设计特别是轴的尺寸,不是只经过计算即可确定,还要在草图的绘制过程中逐渐完善。

1. 轴的结构形状

　　轴的结构形状与轴上零件的定位与固定有关。轴系零件主要有齿轮、轴承、轴承端盖、联轴器、套筒或挡油板等。图 5-6 所示为单级直齿圆柱齿轮减速器中轴承采用油润滑的典型大齿轮轴的结构,共分为七段;图 5-7 所示为单级直齿圆柱齿轮减速器中轴承采用脂润滑的典型大齿轮轴的结构,共分六段。

　　齿轮的几何尺寸在前面已经通过计算确定,但其具体结构需在轴的结构设计完成后方可进行。

　　滚动轴承是标准件,设计时只要合理地选择轴承的类型,并满足强度和寿命要求即可。直齿圆柱齿轮减速器主要承受径向载荷,一般选用深沟球轴承。斜齿圆柱齿轮减速器除承受径

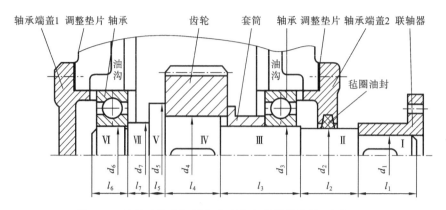

图 5-6 轴承采用油润滑的典型大齿轮轴的结构(方案一)

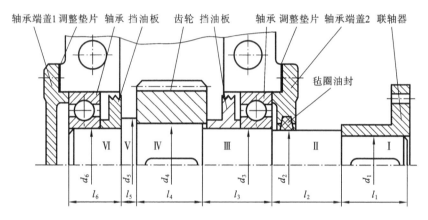

图 5-7 轴承采用脂润滑的典型大齿轮轴的结构(方案二)

向载荷之外还要承受较大的轴向载荷,而深沟球轴承只能承受较小的轴向载荷,应选择角接触球轴承或圆锥滚子轴承。

轴承端盖主要用于对轴承进行轴向固定,其结构形式有两种,轴承端盖 1 为闷盖,轴承端盖 2 为透盖。轴承端盖 2 与轴配合面靠毡圈油封进行密封。

调整垫片由不同厚度的软钢片组成,用来调整轴系零件轴向位置或调整轴承间隙。

联轴器用于把两轴连接起来传递运动和转矩,类型很多,是标准件。

套筒用于对零件进行轴向固定或定位。

挡油板除了像套筒一样可对零件进行轴向定位和固定之外,还能起挡油的作用。

轴的结构形状都是从轴端向中间逐渐增大,可将齿轮、套筒(挡油板)、右端滚动轴承、轴承端盖 2、联轴器从右端装卸。左端滚动轴承从轴的左端装卸。

在保证使用要求的前提下,轴的阶梯应尽可能少,以减少加工时间和节省材料。

为便于装配,轴端应制出倒角。对过盈配合表面的压入端,应制有倒角,以便于装配时压入零件。

2. 轴的径向尺寸

确定阶梯轴各段径向尺寸时,需要综合考虑轴上零件的受力、定位、固定、拆装、相配标准件孔径、轴的表面粗糙度,以及加工精度等要求。轴的直径从轴端向中间逐渐增大,然后又逐渐减小,形成阶梯结构。

轴上形成阶梯的变化端面称为轴肩。当轴径变化是为了固定轴上零件或承受轴向力时,该轴肩称为定位轴肩;当轴径变化仅仅是为了装配方便或区别加工表面,不承受轴向力也不固定轴上零件时,该轴肩称为非定位轴肩。

如图 5-6、图 5-7 中的轴段 Ⅰ、Ⅱ 之间对联轴器进行定位的轴肩、轴段 Ⅳ、Ⅴ 之间对齿轮进行定位的轴肩都是定位轴肩。定位轴肩的高度 h 值取大一些,课程设计中所设计的轴,其定位轴肩的高度 h 在 2～6 mm 之间选取,如图 5-8 所示。轴径较小时取小值,轴径较大时取大值。

轴肩高度 h 的大小与轴径过渡处的圆角半径 R、轴上零件轮毂孔的倒角 C_1 或圆角 R_1 的取值有关,即要保证如下关系:$h>R_1>R$ 或 $h>C_1$,如图 5-8 所示。轴径与圆角半径、倒角的关系见表 9-8。

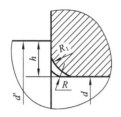 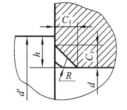

（a）零件轮毂孔为圆角 R_1　　　　（b）零件轮毂孔为倒角 C_1

图 5-8　轴肩高度和圆角半径

如图 5-6、图 5-7 中的轴段 Ⅱ、Ⅲ 之间的轴肩、轴段 Ⅲ、Ⅳ 之间的轴肩都是非定位轴肩,轴径变化主要是为了使轴承和齿轮装配方便,轴肩处不与任何零件接触。非定位轴肩的高度取值较小,两轴径稍有差别即可,甚至只存在尺寸公差,一般取 $h=0.5～1.5$ mm。对于非定位轴肩,轴径变化处的圆角为自由表面过渡圆角,圆角半径 R 值可大一些。

对于单级齿轮减速器输入和输出轴,轴径的确定都是从选择材料和确定最小直径开始的。

1）轴的材料选择

轴的常用材料有碳素钢和合金钢,也可采用铸铁。碳素钢中 45 钢经调质或正火处理后其强度、塑性和韧度等均可改善,最为常用。合金钢比碳素钢具有更好的力学性能和更好的淬火性能,但价格较贵,多用于强度要求较高,要求轴重量、尺寸较小的场合,常用 20Cr、40Cr、35SiMn 等。设计时,根据文献[1]中表 11-1“轴的常用材料及其主要力学性能”列出的轴的常用材料及其主要力学性能进行选用。

2）初估最小轴径

在轴的初始设计中,由于轴承的型号和尺寸还未定,轴的支承距离不定,无法由弯扭强度计算来确定轴径,只能先用估算法,按纯扭转强度确定最小轴径 $d_{\min}$,计算公式为

$$d_{\min} \geqslant C \sqrt[3]{\frac{P}{n}} \text{ mm} \tag{5-1}$$

式中:P——轴所传递的输入功率,kW;

n——轴的转速,r/min;

C——由轴的材料和承载情况确定的常数。可从文献[1]中表 11-2“轴常用材料的$[\tau]$值和 C 值”查得,取较小的数值。

3）联轴器的选用

减速器的输入轴一般是通过联轴器与电动机输出轴相连接,或安装大带轮。减速器的输出轴一般也是通过联轴器与工作机相连,或安装小链轮。当轴的最小直径与联轴器相配合时,首先要选用联轴器。

联轴器主要用来连接轴与轴,或轴与其他回转件,使它们一起回转,起到传递转矩和运动的作用。联轴器已标准化。在选用联轴器时,首先根据工作条件和使用要求选择合适的类型,然后按照计算转矩、轴的转速和轴端直径从标准中选择所需要的型号和尺寸。

联轴器的类型很多,有套筒联轴器,GY型、GYS型、GYH型凸缘联轴器(GB/T 5843—2003)、LX型弹性柱销联轴器(GB/T 5014—2003,见表9-13)、LT型弹性套柱销联轴器(GB/T 4323—2002,见表9-14)等。当轴的转速低、刚度大、能保证严格对中或轴的长度不大时,可选用套筒联轴器或凸缘联轴器。弹性柱销联轴器或弹性套柱销联轴器中装有弹性元件,利用其弹性变形有缓冲吸振的能力,故特别适用于频繁启动、经常正反转、变载高速的场合,所以得到了广泛应用。表5-2列出了三种常用联轴器的性能、使用条件及优缺点,供设计时参考。

表5-2　三种常用联轴器的性能、使用条件及优缺点

联轴器类型	许用转矩范围/(N·m)	轴径范围/mm	最大转速范围/(r/min)	允许使用的偏差			使用条件	优点	缺点
				角度 α	轴向 Δx	Δy			
					/mm				
凸缘联轴器 (GB/T 5843—2003)	10～ 20000	10～ 180	1400～ 13000				通常用于振动不大的条件下,连接低速和刚度不大的两轴	构造简单,成本低。能传递大的转矩	不能吸收冲击,不能消除由于两轴倾斜或不同心而产生的影响
LX型弹性柱销联轴器 (GB/T 5014—2003)	160～ 160000	12～ 340	630～ 7100	≤30′			适用于连接两同心轴,工作温度为－20～70℃	容易制造,维护方便,结构简单,寿命较长,允许较大的轴向窜动,能缓冲减振	对于转矩变化大,冲击载荷强烈及安装精度低的传动轴系,不宜选用此种联轴器
LT型弹性套柱销联轴器 (GB/T 4323—2002)	6.3～ 16000	9～ 170	800～ 8800	30′～ 1°30′			适用于连接两同心轴的传动轴系。具有补偿两轴相对位移的能力,减振性一般,工作温度为－20～70℃	弹性较好,能缓冲减振,不需润滑	寿命较低,需要橡胶材料,加工要求较高

减速器输入轴通过联轴器与电动机相连接时,其转速高,转矩小,多选用弹性套柱销联轴器或弹性柱销联轴器,这两种联轴器不仅可以缓和冲击,还适用于频繁启动和正反转的工况。中小型减速器输出轴可采用弹性柱销联轴器。这种联轴器制造容易、装拆方便、成本低。

在确定好联轴器的类型之后,即可确定联轴器的型号。联轴器型号的选择主要满足三个条件:计算转矩小于许用转矩,即 $T_c \leqslant [T]$;转速小于许用转速,即 $n \leqslant [n]$;联轴器的孔径与轴径相适应。

其中计算转矩按下式计算

$$T_c = K_A T \tag{5-2}$$

式中:T——联轴器所传递的名义转矩,N·m;

　　K_A——工作情况系数,按文献[1]中表 13-1"工作情况系数 K_A"查取。

同一型号联轴器有多个孔径可供选择,两端的孔径可以选同一值,也可以分别选用两不同值。

4) 各段轴径的确定

轴径从最小轴径的确定开始。以图 5-6、图 5-7 所示的轴为例进行分析。

轴径 d_1 确定的原则有二:首先,要大于或等于根据纯扭转强度公式(5-1)估算的最小轴径 d_{min},$d_1 \geqslant d_{min}$。由于该轴段与联轴器配合,轴上开有键槽,考虑到键槽对轴强度有削弱,应将最小轴径 d_{min} 扩大 3%~5%。其次,联轴器是标准件,d_1 应与所选定的联轴器孔径相一致。

当减速器的输入轴是通过联轴器与电动机输出轴相连时,可取轴径 $d_1 = (0.8 \sim 1) d_{电动机}$,$d_{电动机}$ 为电动机输出轴的直径。同时应确保所选联轴器能同时与 d_1 和 $d_{电动机}$ 相匹配。

若该轴段是与带轮或链轮相配合,则轴径 d_1 要与轮的轮毂孔径标准值相符。

在确定轴径 d_1 的过程中,应完全把联轴器型号确定下来。

轴径 d_2 确定的原则有二:首先,轴段 Ⅰ、Ⅱ 之间形成的轴肩对联轴器进行定位,为定位轴肩。该轴肩要满足定位轴肩高度 h 的要求。其次,轴段 Ⅱ 与轴承端盖 2 相配合。为了对减速器进行密封,轴承端盖与该轴段之间装有毡圈油封,而端盖与轴采用间隙配合。毡圈油封是标准件,对与之配合的轴径在该标准中有要求,数值一般以 0 或 5 结尾,具体见表 9-17。

在确定轴径 d_2 的过程中,应完全把毡圈油封型号确定下来。

轴径 d_3 确定的原则有二:首先,轴段 Ⅱ、Ⅲ 之间设计轴肩仅仅是为了使装配轴承方便,该轴肩为非定位轴肩,故两轴径之差 $d_3 - d_2 = 1 \sim 3$ mm 即可。其次,该轴段与轴承相配合,轴承是标准件,需满足轴承内径标准,其数值一般以 0、5 结尾,具体查轴承手册或表 9-20 至表9-22。

在确定轴径 d_3 的过程中,应初步把轴承的型号确定下来。

轴段 Ⅲ、Ⅳ 之间形成非定位轴肩,仅是为装配齿轮方便,满足 $d_4 - d_3 = 1 \sim 3$ mm 即可。

轴环 Ⅴ 对齿轮进行定位,满足条件 $d_5 - d_4 = 6 \sim 12$ mm 即可。

轴段 Ⅵ 与轴承配合,同一轴上宜取同一规格的一对轴承,使轴承座孔一次镗出,保证加工精度,故轴径 d_6 与轴径 d_3 一致。

在图 5-6 中,还有由轴段 Ⅶ 与轴段 Ⅵ 所形成的轴肩,用于对轴承进行定位,但在这里不能再按照定位轴肩的要求进行确定。如图 5-9(a)、(b)所示,对轴承进行定位的轴肩或套筒的直径 D 应小于轴承内圈的外径,以便于拆卸轴承。D 的允许值范围 D_a 可由轴承手册或表 9-20 至表 9-22 查得。如图 5-9(c)所示的结构就不合理。

同样应该注意的是,在图 5-9(d)中,对轴承进行定位的轴肩(或套筒)的过渡圆角半径 r_a 应小于轴承孔的圆角半径 r,$r_a < r$。r 和 r_a 的数值查滚动轴承手册或表 9-20 至表 9-22。

在图 5-6 中,轴段 Ⅵ 上开有砂轮越程槽。与轴承配合的轴段一般采用过盈配合,尺寸精度

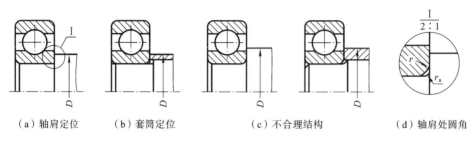

（a）轴肩定位　　　（b）套筒定位　　　（c）不合理结构　　　（d）轴肩处圆角

图 5-9　轴承的轴向定位轴

要求较高,表面粗糙度要求很低,该轴段一般需要磨削加工。这时需要在轴径变化处留有砂轮越程槽,如图 5-10 所示,以便轴肩对轴承进行可靠定位。砂轮越程槽的尺寸(GB/T 6403.5—2008)见表 9-10。

同样,与轴承配合的轴段Ⅲ,装配轴承处尺寸精度要求高,表面粗糙度要求低,需要磨削加工,而与套筒相配合部分则要求很低,所以从结构合理性和加工经济性考虑,若该段较长,可以将该段设计为Ⅲ、Ⅲ′两段,如图 5-11 所示。这样,轴段Ⅲ′的尺寸精度和表面粗糙度都可以低于轴段Ⅲ的,从而改善了轴的工艺性。

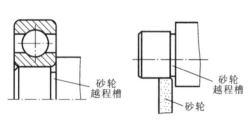

图 5-10　砂轮越程槽

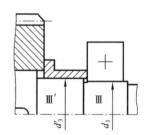

图 5-11　轴段Ⅲ结构的改进

3. 轴的轴向尺寸

确定阶梯轴各轴段长度时,要考虑轴上零件相对于箱体的位置、与轴上零件的配合长度等条件。轴向尺寸的确定有两种情况。第一种情况是与轴上零件配合的轴段即轴头部分,该轴段的长度应比轴上零件的轮毂宽度小 1～3 mm,以保证对零件进行可靠的定位与固定。第二种情况是轴段长度要保证相邻零件之间必要的间距和定位可靠性。

轴段长度的确定通常是从与齿轮相配合的轴段开始。

齿轮的轮毂宽度 l 与配合轴段直径 d_4 有关,确定了直径 d_4,即可确定轮毂宽度。一般情况下有如下关系:$l=(1.2～1.5)d_4 \geqslant b$($b$ 为齿宽),轮毂最大宽度 $l_{max}=(1.8～2)d_4$。轮毂过宽则轴向尺寸不紧凑,装拆不便,而且键不能过长,键长一般不大于$(1.6～1.8)d_4$,以免压力沿键长分布不均匀现象严重。

齿轮轮毂宽度 l 确定后,该轴段的长度 l_4 即可确定,$l_4=l-(1～3)$ mm。

对齿轮进行定位的轴环Ⅴ的宽度 l_5 一般取值为 6～12 mm,或按轴环处轴肩高度 h_4 的 1.4 倍选取。

滚动轴承的位置及其型号在前面已经确定。安装滚动轴承的轴段基本与轴承端面平齐即可,故轴段长度 l_3 和 l_6(和 l_7)即可确定。

轴承端盖的位置及轴承端盖凸缘厚度在前面已经确定。要确定轴段Ⅱ的长度 l_2,只要能够确定伸出轴承端盖的外伸长度 l_2' 即可。该外伸长度 l_2' 与轴承端盖的结构及轴段Ⅰ上所安装的零件有关。如图 5-12(a)所示,若采用凸缘式轴承端盖,轴的外伸长度必须考虑拆卸端盖螺栓($\text{M}d_3$)所需的长度,以便在不拆卸联轴器的情况下,可以打开减速器的箱盖,可取 $l'_2 = (3.5 \sim 4)d_3$,此处的 d_3 是轴承端盖螺栓直径(见表 4-1)。如图 5-12(b)所示,若轴段上的零件不影响螺栓等的拆卸,则可适当取小一些的值。如图 5-12(c)所示,若轴段 Ⅰ 装有弹性套柱销联轴器,则必须留有足够的装拆弹性套柱销的空间距离 A,A 值可由表 9-14 查得。

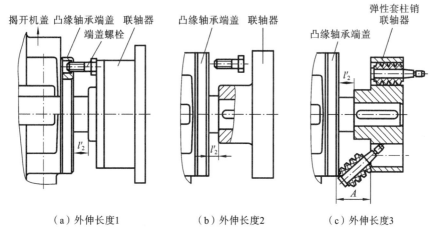

（a）外伸长度1　　　　　　（b）外伸长度2　　　　　　（c）外伸长度3

图 5-12　外伸轴长度的确定

　　轴段 Ⅰ 的长度 l_1 一般比联轴器或相关回转零件轮毂宽 l 小 1～3 mm 即可,回转零件的轮毂宽基本符合 $l = (1.2 \sim 1.6)d_1$ 的关系。

4. 轴上键槽的确定

　　齿轮、带轮、链轮和联轴器等传动类零件通过普通平键与轴进行周向固定,以传递运动和转矩。普通平键是标准件,有 A 型键、B 型键和 C 型键三种,通常选用 A 型圆头键。普通平键的主要尺寸有键宽 b、键高 h 和键长 L。结构尺寸键宽 b 和键高 h 可按键所在轴径查键的相关标准(见表 9-27)确定。键长 L 应比零件轮毂宽度略小一些,且为标准键长。轴上键槽应开在靠近零件装入一侧的轴段端部,以便于装配时轮毂上的键槽与轴上的键对准。同时,键槽应尽量避免开在过渡圆角处,以防进一步增加应力集中程度。

　　同一轴上沿键长方向有多个键槽时,为便于一次装夹加工,各键槽应布置在同一母线上。

5. 轴的结构草图

　　按照以上方法,即可确定各轴的阶梯结构和各轴段的直径与长度,形成完整的轴的结构图。但要注意的是,当输入轴中与小齿轮配合的轴段直径 d_4 与小齿轮的齿根圆直径 d_f 差别不大时,按轴径选择键,使得齿轮键槽的底部与齿轮的根部距离 e 满足关系 $e \leqslant 2.5m$(m 为齿轮的模数)时,如图 5-13(a)所示,常常将小齿轮与轴做成一体,即设计成如图 5-13(b)所示的

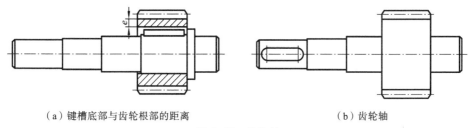

（a）键槽底部与齿轮根部的距离　　　　　　　（b）齿轮轴

图 5-13　齿轮轴

齿轮轴。这时,输入轴的结构将会发生变化,需重新调整:不再需要对齿轮进行定位的轴环;原先为装卸齿轮方便、固定齿轮且对轴承进行定位的套筒可以不用,改用轴肩,实现对轴承的定位即可。当小齿轮的齿顶圆小于轴承的外径时,为防止齿轮啮合时所挤出的热油大量冲向轴承,增加轴承阻力,将套筒改设为挡油盘。

　　典型轴的结构设计完成后形成的草图如图 5-14 所示。

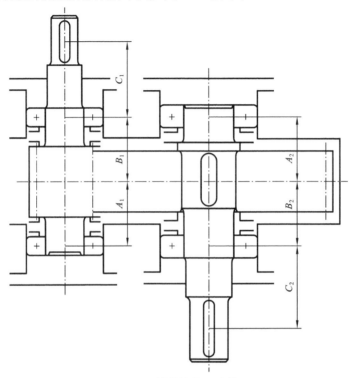

图 5-14　轴的结构设计草图

例 5-2　对于例 5-1 中的直齿圆柱齿轮减速器,试确定两轴的结构形式和几何尺寸。

解　计算过程见表 5-3。

表 5-3　例 5-2 的计算过程

计算项目	计算过程及说明	主 要 结 果
1. 小齿轮轴的结构形式及几何尺寸的确定	(1) 确定结构形式。 由于轴承选用脂润滑,故轴的结构选择图 5-7 所示的结构形式。 (2) 选择材料。 因传递功率不大,选择材料为 45 钢,经调质处理。 (3) 初步估算最小轴径,利用公式 $$d_{\min} \geqslant C\sqrt[3]{\dfrac{P}{n}}\ (\mathrm{mm})$$ 查文献[1]表 11-2"轴常用材料的[τ]值和 C 值",得 C 的取值范围为 106~118,现取 C=110,代入上式得 $$d_{\min} \geqslant 110 \times \sqrt[3]{\dfrac{4.74}{480}}\ \mathrm{mm} = 23.6\ \mathrm{mm}$$ 考虑到轴上有键槽,轴径增大 3%~5%,所以 $$d_{\min} \geqslant [23.6 + 23.6 \times (3\% \sim 5\%)]\ \mathrm{mm} = 24.3 \sim 24.8\ \mathrm{mm}$$	材料 45 钢,调质 $d_{\min} \geqslant 24.3 \sim 24.8\ \mathrm{mm}$

计算项目	计算过程及说明	主 要 结 果
1. 小齿轮轴的结构形式及几何尺寸的确定	（4）联轴器的选择和轴段Ⅰ几何尺寸确定。 为缓冲减振，选择弹性套柱销联轴器。选取工作情况系数，查文献[1]中表 13-1"工作情况系数 K_A"得 $K_A = 1.3$，轴传递的转矩为 $T_1 = 94.35$ N·m，则选择联轴器的计算转矩 $$T_C = K_A \cdot T_2 = 1.3 \times 94.35 \text{ N·m} = 122.66 \text{ N·m}$$ 根据 $T_C = 122.66$ N·m，转速 $n_1 = 480$ r/min 和最小轴径 $d_{min} \geqslant 24.3 \sim 24.8$ mm，查阅 9.3 节联轴器相关规范，选用 Y 型轴孔 LT5 联轴器，其公称转矩 $T_n = 125$ N·m，许用转速 $[n] = 4600$ r/min，轴孔直径分别有 $d = 25$ mm、28 mm、30 mm、32 mm 和 35 mm 几种规格，符合所需的转矩和转速要求。 轴径取 $d_1 = 25$ mm。 LT5 联轴器 Y 型轴孔长度 $L = 62$ mm，所以轴段Ⅰ长度略小于毂宽 $1 \sim 3$ mm，取轴段长 $l_1 = 60$ mm。 （注：若联轴器的另一端连接电动机的输出轴，则必须同时使联轴器轴孔满足电动机输出轴的轴径和长度要求。） （5）密封圈的选择与轴段Ⅱ几何尺寸确定。 轴段Ⅱ与轴段Ⅰ之间形成的轴肩对联轴器进行定位，轴肩应高点，在 2～6 mm 之间选取。轴承用脂润滑和轴径圆周速度较低时用毡圈密封，查阅表 9-17，轴径取 $d_2 = 30$ mm，此时轴径的圆周速度 $$v = \frac{\pi d n}{60 \times 1000} = \frac{\pi \times 30 \times 480}{60000} \text{ m/s} = 0.75 \text{ m/s} < 5 \text{ m/s}$$ 满足毡圈密封条件。 该轴段的长度尺寸 l_2 由绘图确定。 （6）滚动轴承的选择与轴段Ⅲ的几何尺寸确定。 轴段Ⅲ与轴段Ⅱ之间形成的轴肩为非定位轴肩，轴径差取 $d_3 - d_2$ 为 1～3 mm 即可，但轴段Ⅲ要安装滚动轴承标准件，故取 $d_3 = 35$ mm，查阅表 9-20，初选轴承型号为 6207。轴承宽 B 为 17 mm，外径 D 为 72 mm。 该轴段的长度尺寸 l_3 由绘图确定。 （7）安装齿轮轴段Ⅳ几何尺寸确定。 轴段Ⅳ与轴段Ⅲ形成非定位轴肩，取轴径取 $d_4 = 38$ mm。 对于小齿轮轴，这时应考虑齿轮与轴之间的关系。查阅表 9-27 可知，当轴的公称直径为 38 mm 时，键的尺寸 $b \times h = 10$ mm×8 mm，轮毂键槽深 $t_1 = 3.3$ mm，轮毂键槽与轴中心距离 $d_4/2 + t_1 = (19 + 3.3)$ mm $= 22.3$ mm，小齿轮的根圆半径 $r_{f1} = 27.5$ mm，两者相距 $e = (27.5 - 22.5)$ mm $= 5$ mm $= 2.5 \times 2$ mm $= 2.5$ m，故小齿轮应与轴制作为一体，设计成齿轮轴。	联轴器型号 LT5 联 轴 器 YA25×62 GB 4323—2002 $d_1 = 25$ mm $l_1 = 60$ mm 毡圈油封型号 30 毡圈 JB/ZQ 4606—1986 $d_2 = 30$ mm 滚动轴承型号 滚动轴承 6207 GB/T 276—2013 $d_3 = 35$ mm

计算项目	计算过程及说明	主要结果
1. 小齿轮轴的结构形式及几何尺寸的确定	轴段长 l_4 就是小齿轮的齿宽 b_1，即 $l_4 = b_1 = 65$ mm。 （8）轴段 V、Ⅵ 几何尺寸的确定。 　　对于齿轮轴，小齿轮不需轴环定位，故小齿轮轴只有五段。轴段 V、Ⅵ 合二为一，该轴段安装轴承 6207，直径为 $d_5 = d_3 = 35$ mm。 （9）其他尺寸的确定。 　　根据轴承的位置及轴承的宽度，通过绘图可得 $l_3 = 37$ mm、$l_5 = 37$ mm，由轴承端盖的位置及所用联轴器型号，将轴段 Ⅱ 向端盖外伸出 20 mm 左右，通过绘图可取 $l_2 = 60$ mm。 （10）平键的确定。 　　轴段 Ⅰ 上安装有平键，其轴径为 $d_1 = 25$ mm，查阅表 9-27，得键的尺寸为 $b \times h = 8$ mm $\times 7$ mm，根据轴的长度 $l_1 = 60$ mm 及键长系列值，取键长 $L = 50$ mm。	$l_4 = 65$ mm $d_5 = 35$ mm $l_3 = 37$ mm $l_5 = 60$ mm $l_2 = 37$ mm 键的型号 键 8×50 GB/T 1096—2003
2. 大齿轮轴的结构形式及几何尺寸的确定	（1）确定结构形状。 　　同样选择图 5-7 所示的结构形状。 （2）选择材料。 　　因传递功率不大，选择材料为 45 钢，经调质处理。 （3）初步估算最小轴径。 　　查阅文献[1]中表 11-2"轴常用材料的 $[\tau]$ 值和 C 值"，取 $C = 110$，代入公式得 $$d_{min} \geqslant C\sqrt[3]{\frac{P_2}{n_2}} = 110 \times \sqrt[3]{\frac{4.51}{105}} \text{ mm} = 38.5 \text{ mm}$$ 　　考虑到轴上有键槽，轴径增大 3%～5%，所以 $$d_{min} \geqslant [38.5 + 38.5 \times (3\%～5\%)] \text{ mm}$$ $$= 39.7～40.4 \text{ mm}$$ （4）联轴器的选择和轴段 Ⅰ 几何尺寸确定。 　　为缓冲吸振，选择弹性套柱销联轴器。查阅文献[1]中表 13-1"工作情况系数 K_A"，选取工作情况系数 $K_A = 1.3$，轴传递的转矩为 $T_2 = 409.87$ N·m，则选择联轴器的计算转矩 $$T_C = K_A \cdot T_2 = 1.3 \times 409.87 \text{ N·m} = 532.83 \text{ N·m}$$ 　　根据 $T_C = 532.87$ N·m，转速 $n_2 = 105$ r/min 和最小轴径 $d_{min} \geqslant 39.7～40.4$ mm，查阅表 9-11，选用 Y 型轴孔 LT8 联轴器，其公称转矩 $T = 710$ N·m，许用转速 $[n] = 3000$ r/min，轴孔直径分别有 $d = 45$ mm、48 mm、50 mm、55 mm、56 mm、60 mm 和 63 mm 几种规格，符合所需的转矩和转速要求。 　　轴径取 $d_1 = 45$ mm。 　　联轴器 LT8 Y 型轴孔的长度 $L = 112$ mm，轴段 Ⅰ 长度可小于毂宽 1～3 mm，取轴段长 $l_1 = 110$ mm。	 材料 45 钢，调质 $d_{min} \geqslant 39.7～40.4$ mm 联轴器型号 LT8 联轴器 YA 45×112 GB 4323—2002 $d_1 = 45$ mm $l_1 = 110$ mm

计算项目	计算过程及说明	主 要 结 果
2. 大齿轮轴的结构形式及几何尺寸的确定	（5）密封圈的选择与轴段Ⅱ几何尺寸确定。 轴段Ⅱ与轴段Ⅰ之间形成的定位轴肩对联轴器进行定位；轴承用脂润滑和轴径圆周速度较低时用毡圈密封，查表 9-17，轴径取 $d_2 = 50$ mm，此时轴径的圆周速度 $$v = \frac{\pi d_1 n}{60 \times 1000} = \frac{\pi \times 50 \times 105}{60000}\ \text{m/s} = 0.27\ \text{m/s} < 5\ \text{m/s}$$ 满足毡圈密封条件。 该轴段的长度尺寸由 l_2 绘图确定。 （6）滚动轴承的选择与轴段Ⅲ的几何尺寸确定。 轴段Ⅲ与轴段Ⅱ之间形成的轴肩为非定位轴肩，但轴段Ⅲ安装滚动轴承标准件，故取 $d_3 = 55$ mm。查阅表 9-20，初选轴承型号为 6211。轴承宽度 B 为 21 mm，外径 D 为 100 mm。 该轴段的长度尺寸由 l_3 绘图确定。 （7）安装齿轮轴段Ⅳ几何尺寸确定。 轴段Ⅳ与轴段Ⅲ形成非定位轴肩，取轴径 $d_4 = 58$ mm。 轴段长 l_4 应比齿轮的宽度 $b_4 = 60$ mm 窄 1～3 mm，取轴段长 $l_4 = 58$ mm。 （8）轴段Ⅴ几何尺寸的确定。 轴段Ⅴ为轴环，其形成的轴肩对大齿轮进行定位，$d_5 = d_4 + 12$ mm = 70 mm。 轴环宽取 $l_5 = 10$ mm。 （9）轴段Ⅵ几何尺寸的确定。 该轴段安装轴承 6211，直径为 $d_6 = d_3 = 55$ mm。 轴长 l_6 由绘图确定。 （10）其他尺寸的确定。 根据轴承的位置及轴承的宽度，通过绘图可得 $l_3 = 46$ mm、$l_6 = 34$ mm。 由轴承端盖的位置及所用联轴器型号，将轴段Ⅱ向端盖外伸出 20 mm 左右，通过绘图可取 $l_2 = 55$ mm。 （11）平键的确定。 轴段Ⅰ上安装有平键，实现联轴器与轴的周向连接。其轴径为 $d_1 = 45$ mm，查阅表 9-27，得键的尺寸为 $b \times h = 14$ mm × 9 mm，根据轴的长度 $l_1 = 110$ mm 及键长系列值，取键长 $L = 100$ mm。 轴段Ⅳ上安装有平键，实现齿轮与轴的连接，其轴径为 $d_1 = 58$ mm，查阅表 9-27，其键的尺寸为 $b \times h = 16$ mm × 10 mm。根据轴的长度 $l_1 = 58$ mm 及键长系列值，取键长 $L = 50$ mm。	毡圈油封型号 30 毡圈 JB/ZQ 4606—1986 $d_2 = 50$ mm 滚动轴承型号 6211 滚动轴承 GB/T 276—2013 $d_3 = 55$ mm $d_4 = 58$ mm $l_4 = 58$ mm $d_5 = 70$ mm $l_5 = 10$ mm $d_6 = 55$ mm $l_3 = 46$ mm $l_6 = 34$ mm $l_2 = 55$ mm 键 14×100 GB/T 1096—2003 键 16×50 GB/T 1096—2003

计算项目	计算过程及说明	主　要　结　果
3. 设计结果	大、小齿轮轴的结构几何尺寸设计结果如图 5-15 所示。 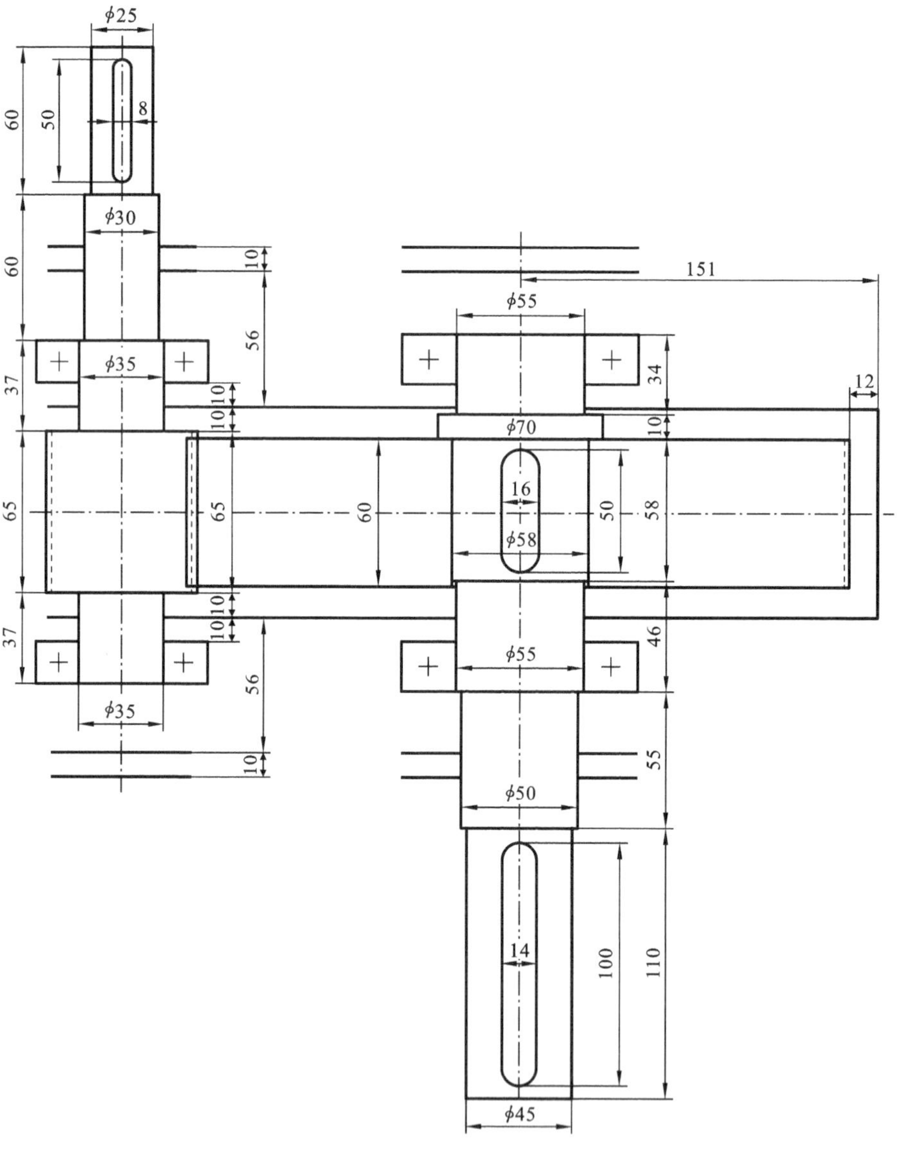	

图 5-15　大、小齿轮轴的设计结果

5.1.3　轴、键及轴承的强度校核

轴的结构尺寸是在按纯扭转强度初步估算最小轴径,再根据轴系零件的相对位置以及零件在轴上的定位、固定、装卸等因素综合考虑后确定的,但减速器的齿轮轴均为转轴,同时承受弯矩和扭矩,可能产生弯扭变形,所以需要对齿轮轴进行精确的校核,同时也需要对轴承的强度和寿命及键的强度进行校核。

1. 轴的支承点距离和力作用点的确定

根据轴上的零件位置,可以定出轴的支承点距离和轴上零件的力作用点位置,轴的支承点

就是滚动轴承支反力的作用点,可近似认为在轴承的中部(宽度方向上)。齿轮、带轮、联轴器等传动零件的力作用点可取在轮毂的中部(宽度方向上)。

2. 轴的强度校核计算

轴的支承点位置及力的作用点确定后,通过受力分析确定轴上所受力的大小和方向,绘制出轴的受力图、弯矩图、扭矩图、合成弯矩图等,判定一个或几个危险截面,按弯扭组合强度公式进行强度校核计算。画力矩图时,对特征点必须注明数值的大小。

如果经校核发现轴的强度不满足要求,可对轴的一些参数如轴径做适当修改;如果强度富余度较大,可待轴承寿命及键连接的强度校核后,再综合考虑是否修改,以及如何修改轴的结构。一般情况下不再对轴进行任何修改。

3. 轴承的寿命校核计算

一般工作条件下的滚动轴承,其主要失效形式为点蚀疲劳破坏,在选定轴承的型号、确定其工作条件后,主要需进行轴承的寿命计算。

若轴承寿命低于减速器使用期限,可以改用其他宽度系列或高度系列如重系列的轴承。必要时,可改变轴承的类型或轴承内径,但这时就需对轴的结构尺寸进行全面修改。也可取减速器检修期作为轴承的工作寿命,在减速器检修时,重新更换新轴承。

4. 键的强度校核计算

键连接的主要失效形式是工作侧面的压溃,主要校核其挤压强度。

若经校核发现强度不够,当相差较小时,可适当增加键长(但不得超过轮毂宽度),然后再校核;当相差较大时,可采用双键。两键在轴上成 180° 布置,因制造误差,载荷在两个键上将分布不匀。其承载能力按单键的 1.5 倍计算,即在验算挤压强度时,将许用挤压应力提高 1.5 倍。

例 5-3　利用例 5-1、例 5-2 中的条件,对大齿轮轴及其上的轴承和键进行校核计算。

解　计算过程见表 5-4。

表 5-4　例 5-3 的计算过程

计算项目	计算及说明	主 要 结 果
1. 大齿轮轴的强度校核计算	(1) 轴支承点和力作用点距离的确定。 两轴承离齿轮中心的距离都是 $l=63$ mm,联轴器轴孔中心离最近轴承的距离为 121 mm。受力简图如图 5-16 所示。 (2) 齿轮上力的计算。 齿轮传递的转矩就是该轴的输入转矩,即 $$T_2=409.87 \text{ N·m}=409870 \text{ N·mm}$$ 齿轮圆周力为 $$F_t=\frac{2T_2}{d_2}=\frac{2\times409870}{274}\text{ N}=2992 \text{ N}$$ 齿轮径向力为 $$F_r=F_t\tan\alpha=2992\times\tan20° \text{ N}=1089 \text{ N}$$ (3) 轴承支反力的计算。 齿轮关于轴对称布局,故两端支反力相等。 轴承竖直支反力为 $$F_{RV}=F_t/2=2292/2 \text{ N}=1146 \text{ N}$$ 轴承水平支反力为	$T_2=409870$ N·mm $F_t=2992$ N $F_r=1089$ N $F_{RV}=1146$ N

计算项目	计算过程及说明	主要结果
1. 大齿轮轴的强度校核计算	$F_{RH} = F_r/2 = 1089/2 \text{ N} = 544.5 \text{ N}$ （4）计算弯矩。 齿宽中心竖直弯矩为 $$M_V = F_{RV} \times l = 1149 \times 63 \text{ N} \cdot \text{mm} = 72387 \text{ N} \cdot \text{mm}$$ 齿宽中心水平弯矩为 $$M_H = F_{RH} \times l = 544.5 \times 63 \text{ N} \cdot \text{mm} = 34303.5 \text{ N} \cdot \text{mm}$$ （5）计算当量弯矩 M_e。 计算公式为 $M_e = \sqrt{M_V^2 + M_H^2 + (\alpha T_2)^2}$ 扭矩按脉动循环计算，取折合系数 $\alpha = 0.6$。故有 $$M_e = \sqrt{(72387)^2 + (34303.5)^2 + (0.6 \times 409870)^2} \text{ N} \cdot \text{mm}$$ $$= 258639 \text{ N} \cdot \text{mm}$$ （6）校核危险截面处的强度。 安装齿轮处的轴径为 $d_4 = 58 \text{ mm}$。 齿轮轴为 45 钢经调质处理，其许用弯曲应力为 $[\sigma_{-1}] = 60 \text{ MPa}$。 $$\sigma_e = \frac{M_e}{W} = \frac{M_e}{0.1 d_4^3} = \frac{258639}{0.1 \times 58^3} \text{ MPa} = 13.26 \text{ MPa} \leqslant [\sigma_{-1}]$$ 故大齿轮轴的强度是符合要求的。 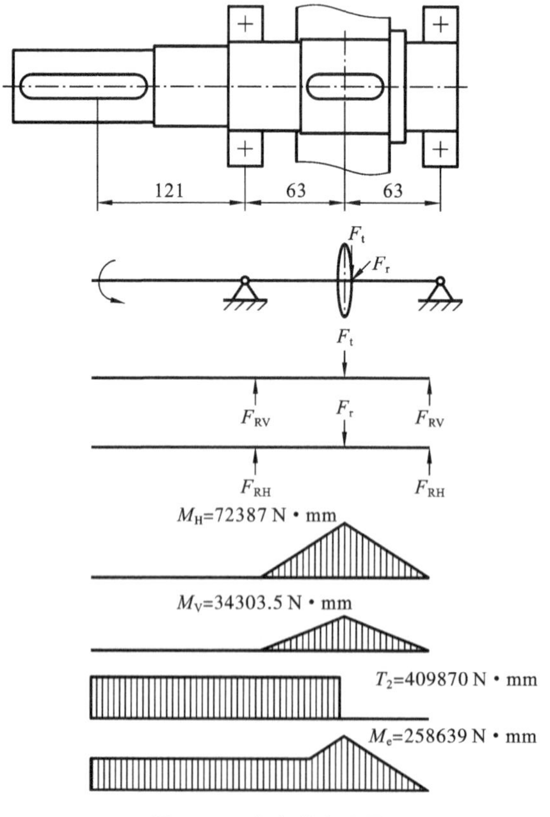 图 5-16 大齿轮内力图	$F_{RH} = 544.5 \text{ N}$ $M_V = 72387 \text{ N} \cdot \text{mm}$ $M_H = 34303.5 \text{ N} \cdot \text{mm}$ $M_e = 258639 \text{ N} \cdot \text{mm}$ $\sigma_e = 13.26 \text{ MPa}$ $\sigma_e \leqslant [\sigma_{-1}]$ 强度合适

计算项目	计 算 过 程 及 说 明	主 要 结 果
2. 大齿轮轴上轴承的寿命校核计算	大齿轮轴上的深沟球轴承 6211 承受的载荷是轴支承处的总的支反力,只有径向力,且两轴承所受力大小相等。 (1) 当量动载荷 P。 轴承当量动载荷 P 等于其所受总径向力。 $$P=\sqrt{F_{RV}^2+F_{RH}^2}=\sqrt{1146^2+544.5^2}\ N=1269\ N$$ (2) 寿命计算。 公式　　　$$L_h=\frac{10^6}{60n_2}\left(\frac{f_T C}{f_P P}\right)^\varepsilon h$$ 其中,深沟球轴承 6211 的额定动载荷 $C=43.2\times10^3$ N,指数 $\varepsilon=3$,轴承在 100℃ 油温下工作时 $f_T=1$,机器外载荷有轻微冲击,取 $f_P=1.2$,则 $$L_h=\frac{10^6}{60\times105}\times\left(\frac{1\times43200}{1.2\times1271}\right)^3 h=3.62\times10^6\ h$$ 每年工作 300 天,两班工作制,每天工作 16 h。 $$L_y=\frac{3.62\times10^6}{300\times16}=754\ 年$$ 轴承的寿命足够。	$P=1269$ N $C=43.2\times10^3$ N $L_h=3.62\times10^6$ h $L_y=754$ 年 寿命足够
3. 大齿轮轴上键的强度校核	(1) 联轴器处键的校核。 联轴器处的键为 A 型键,其键尺寸为 $b\times h\times L=14$ mm$\times9$ mm$\times100$ mm(见 GB/T 1096—2003),选择键的材料为 45 钢。 考虑有轻微冲击,许用挤压应力 $[\sigma_P]=100\sim120$ MPa。 A 型键的工作长度 $$l=L-b=(100-14)\ mm=86\ mm$$ 挤压应力 σ_P $$\sigma_P=\frac{4T_2}{hld_1}=\frac{4\times409877}{9\times86\times45}\ MPa=47.1\ MPa$$ $$\sigma_P\leqslant[\sigma_P]$$ 强度合适。 (2) 大齿轮处键的校核。 齿轮处的键为 A 型键,其键尺寸为 $b\times h\times L=16$ mm$\times10$ mm$\times50$ mm(见 GB/T 1096—2003),选择键的材料为 45 钢。 考虑有轻微冲击,许用挤压应力 $[\sigma_P]=100\sim120$ MPa。 A 型键的工作长度 $$l=L-b=(50-16)\ mm=34\ mm$$ 挤压应力为 $$\sigma_P=\frac{4T_2}{hld_4}=\frac{4\times409877}{10\times34\times58}\ MPa=83.1\ MPa$$ $$\sigma_P\leqslant[\sigma_P]$$ 强度合适。	$[\sigma_P]=100\sim120$ MPa $\sigma_P=47.1$ MPa 合适 $\sigma_P=83.1$ MPa 合适

5.1.4　齿轮的结构设计

齿轮的几何尺寸如齿数、模数、分度圆直径、齿宽等是根据其工作情况由强度计算确定的,而齿轮的轮辐、轮毂等的结构形式及尺寸大小则是结构设计主要考虑的内容。

齿轮结构形式及尺寸与所采用的材料、毛坯大小及制造方法有关。毛坯制造方法主要有锻造、铸造和焊接三类。课程设计中涉及的多为中小直径齿轮，采用锻造毛坯，根据尺寸不同，齿轮有齿轮轴式、实心式、腹板式。

如前文所述，当齿轮的分度圆直径与轴径相差不大，特别是当齿根圆与键槽底部距离 e 满足 $e \leqslant 2.5m$ 时可将齿轮与轴制成一体。当齿顶圆甚至齿根圆直径 d_f 小于轴径 d 时，需用铣齿法加工轮齿，如图 5-17 所示。

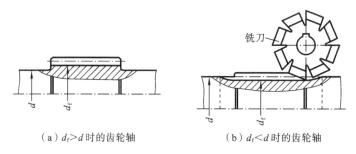

（a）$d_f > d$ 时的齿轮轴   （b）$d_f < d$ 时的齿轮轴

图 5-17 齿轮轴

当齿轮的齿根圆与键槽底部距离 e 满足 $e > 2.5m$ 时，齿轮与轴应分开制造。

当齿轮的顶圆直径 $d_a \leqslant 200$ mm 时，齿轮可锻造或用轧制圆钢制成实心结构，如图 5-18(a)所示。

当齿轮直径较大，齿顶圆直径 $d_a \leqslant 500$ mm 时，常用腹板结构，并在腹板上加工 4～6 个圆孔，以减小重量和使加工、装配时吊运方便，如图 5-18(b)所示。

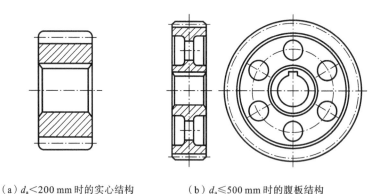

（a）$d_a < 200$ mm 时的实心结构   （b）$d_a \leqslant 500$ mm 时的腹板结构

图 5-18 齿轮结构

齿轮的轮毂宽 l 与轮毂孔的直径 d 有关，可大于或等于齿轮的宽度 b，$l = (1.2 \sim 1.5)d \geqslant b$。一般常等于齿轮的宽度。

为便于齿轮与轴的装配、减少边缘应力集中，齿轮轮毂孔两端和齿顶两侧边缘应切制倒角。

5.1.5 轴承端盖的结构设计

轴承端盖主要用来对轴承进行轴向固定并承受轴向力，同时通过轴承端盖与减速器箱壁之间的调整垫片来调整轴承间隙。

　　轴承端盖的结构形式有凸缘式和嵌入式两种。凸缘式轴承端盖调整轴承间隙比较方便，密封性能也好，应用广泛。这种端盖多用铸铁铸造，设计时要考虑铸造工艺特性，注意设计出铸造斜度，并尽量使整个端盖厚度均匀。

　　轴承端盖按中心有无通孔又分为透盖和闷盖两种。

　　图 5-19 所示的是无通孔的闷盖结构。端盖与箱体通过螺钉连接，为使螺钉与轴承端盖接触面平整，端盖表面需要机加工，为减少加工面，端面凹进 δ。当轴承端盖的宽度 L 较大时，为减少加工量，可在端部铸出直径（D'）较小的一段，但必须保留足够的长度 l，否则拧紧螺钉时容易使端盖倾斜，以致轴承受力不均。

　　图 5-19(a) 所示为轴承采用脂润滑时的端盖结构；图 5-19(b) 所示为轴承采用油润滑时的端盖结构。轴承采用油润滑方式时，是靠齿轮的飞速旋转将箱体内的油飞溅到箱体内壁，经箱体剖分面上的油沟流到轴承上进行润滑的。为使油能流到轴承上，必须在端盖上开 4 个槽，如图 5-20 所示。为了防止装配时端盖上的槽没有对准箱体剖面上的油沟而将油路堵塞，可将端盖的端部外径取小些，使润滑油在任何位置都可以流入轴承。

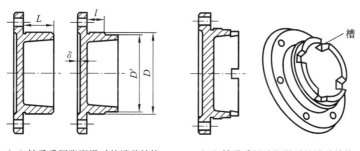

（a）轴承采用脂润滑时的端盖结构　　　　（b）轴承采用油润滑时的端盖结构

图 5-19　轴承端盖结构（一）

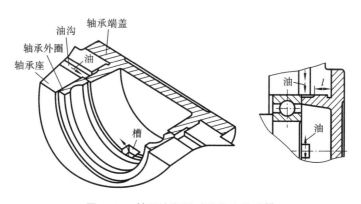

图 5-20　轴承油润滑时端盖上的油槽

　　图 5-21 所示为有通孔的透盖结构。透盖结构与密封形式有关。图 5-21(a) 所示为轴承采用脂润滑，密封形式为毡圈密封时的端盖结构。毡圈截面是矩形，轴承端盖中开有毡圈梯形槽。槽的结构尺寸及对端盖宽度尺寸的要求，可查阅毡圈油封标准（见表 9-17）。图 5-21(b) 所示为轴承采用皮碗密封形式时的端盖结构。当轴承采用油润滑时，皮碗密封形式最佳，皮碗槽的尺寸可查阅第 9.4.2 节 J 形无骨架橡胶油封（见表 9-18）或查阅 U 形无骨架橡胶油封标准。轴承端盖上应开 4 个油槽。油润滑时也可以采用毡圈密封，如图 5-21(c) 所示，只是密封

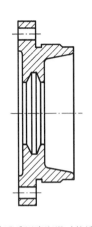 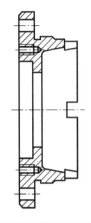 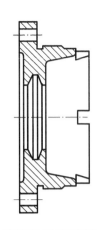

（a）轴承采用脂润滑时的端盖结构　（b）轴承采用油润滑时的端盖结构一　（c）轴承采用油润滑时的端盖结构二

图 5-21　轴承端盖结构（二）

效果不佳,毡圈磨损严重。

　　轴承端盖的结构尺寸如图 5-22 所示,供设计时参考。

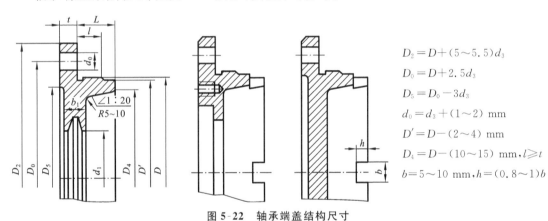

$$D_2 = D + (5 \sim 5.5) d_3$$
$$D_0 = D + 2.5 d_3$$
$$D_5 = D_0 - 3 d_3$$
$$d_0 = d_3 + (1 \sim 2) \text{ mm}$$
$$D' = D - (2 \sim 4) \text{ mm}$$
$$D_4 = D - (10 \sim 15) \text{ mm}, l \geqslant t$$
$$b = 5 \sim 10 \text{ mm}, h = (0.8 \sim 1) b$$

图 5-22　轴承端盖结构尺寸

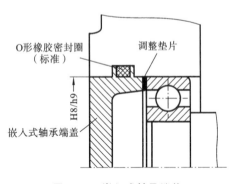

图 5-23　嵌入式轴承端盖

　　其中,d_3 为端盖连接螺栓直径,D 和 L 已由轴结构设计确定,t 为端盖凸缘厚度,由表 4-1 确定,d_1 和 b_1 由毡圈油封标准查得。

　　以上所述为凸缘式轴承端盖。轴承端盖也可设计为嵌入式结构,如图 5-23 所示。该形式结构简单紧凑,无须螺钉固定,重量小,且外伸轴的伸出长度短,有利于提高轴的强度和刚度,且装入轴承座孔后外表平整。但密封性能差,通常在轴承盖中设置 O 形橡胶密封圈以提高其密封性能。调整轴承间隙比较麻烦,需打开箱盖后,才能放置调整垫片,只适用于不可调间隙的向心轴承。其结构尺寸查阅相关手册。

5.1.6　调整垫片组

　　调整垫片组的作用是调整轴承游隙及整个轴系的轴向位置。垫片组由若干种厚度不同的垫片组成,使用时可根据需要调整,组成不同的厚度。其材料为冲压铜片或 08F 钢抛光。调整垫片组的片数及厚度可参考表 5-5,也可自行设计。

表 5-5 调整垫片组

参数	A 组			B 组			C 组		
厚度 δ/mm	0.5	0.2	0.1	0.5	0.15	0.1	0.5	0.15	0.125
片数 n'	3	4	2	1	4	4	1	3	3

注:1. 材料:冲压铜片或 08F 钢抛光。

2. 凸缘式轴承盖用的调整垫片。

$d_2 = D + (2 \sim 4)$ mm,D 为轴承外径。

D_0、D_2 和 $n \times d_0$ 按轴承盖结构确定。

3. 嵌入式轴承盖用的调整垫片(调整环):

$D_2 = D - 1$ mm

d_2 按轴承外圈的安装尺寸确定。

4. 建议准备 0.05 mm 的垫片若干,以备调整微小间隙用

5.1.7 挡油板、挡油盘的设计

轴承采用脂润滑时,需要在轴上设计挡油板。挡油板的宽度是由轴的结构设计确定的,其他结构尺寸如图 5-24 所示。

轴承采用油润滑时,如果小齿轮的顶圆直径小于轴承的外径,为防止齿轮啮合时,高温热油冲击轴承对轴承的运动形成阻力,需设置挡油盘。挡油盘可以用薄钢板冲压成形(见图 5-25(a))或用圆钢车制而成(见图 5-25(b))。

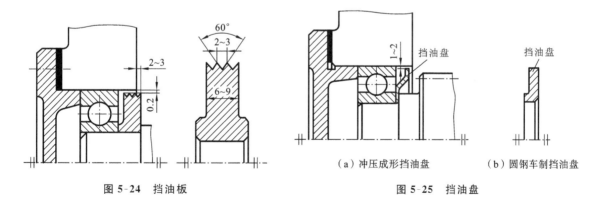

图 5-24 挡油板   图 5-25 挡油盘

(a)冲压成形挡油盘   (b)圆钢车制挡油盘

5.1.8 减速器阶段性装配草图

在进行齿轮的结构设计时,可能要对轴的结构进行更改或完善;在轴承端盖的结构设计过程中,需要综合考虑轴承的润滑方式与装置、密封形式与装置等,也可能需重新完善轴的结构。通过不断的修改与完善,轴及轴系中主要零件的结构尺寸全部确定,在该阶段所形成的草图如图 5-26 所示。

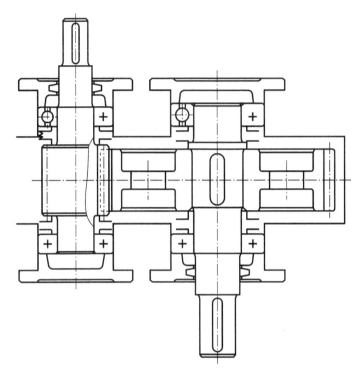

图 5-26　减速器结构草图

5.2　装配底图的绘制

　　装配图表达了机器总体结构的思想、部件的工作原理和装配关系,也表达出了各零件间的相互位置、尺寸及结构形状。前述的装配草图的设计已经将减速器箱体内各零件特别是轴系零件的相互位置,以及轴系相对于箱体之间的相对位置通过绘图、计算确定出来了,并且对轴系关键零件进行了校核计算,也进行了必要的修正和完善,这样减速器的主要零件已经设计完成,这时就可以对减速器从总体上进行结构设计了。

5.2.1　减速器装配图的准备

　　装配图也是机器组装、调试、维护等的技术依据,所以绘制装配图是设计过程中的重要环节,必须使用足够的视图和剖面图将其表达清楚。

　　1. 装配图的布局

　　装配图绘制时,用 0 号或 1 号图纸绘制减速器三个主要视图,如图 5-27 所示。绘图时,尽量优先采用 1:1 的比例,以加强真实感。图面布局时,视图与图框之间都要留有一定的空间,并要留出零件明细表、减速器技术特性和装配技术要求等表格或文字的空间位置。上述完成的草图有助于选择合适的绘图比例。若图面按 1:1 比例绘制困难,也可采用其他的标准图样比例进行绘制,请查阅表 9-5。

　　2. 装配图俯视图的绘制

　　设计箱体时应在三个基本视图上同时进行。

　　可以把在草图中完成的部分俯视图先在装配图中绘制出来。绘图的先后步骤与草图的绘

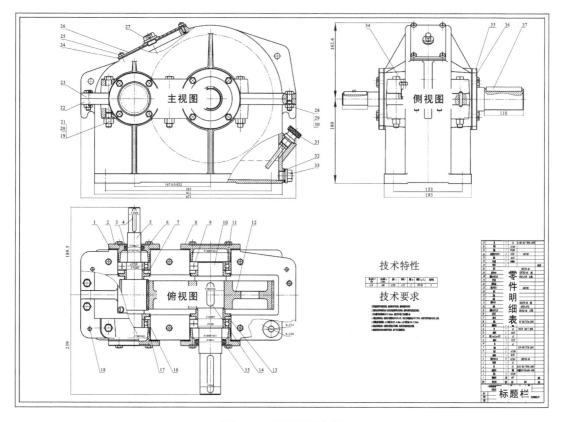

图 5-27　装配图的布局

制过程完全一致,只是要根据选定的比例严格按照绘图标准和尺寸绘制各种图样要素,并把必要的圆角、倒角等结构细节描绘出来。

3. 装配图主视图基准线的绘制

先从齿轮中心线开始,把俯视图中的齿轮中心线投影到主视图中,并把大、小齿轮分度圆用点画线绘制出来。同时也把箱体右侧内壁线投影到主视图中,如图 5-28 所示。

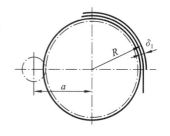

图 5-28　主视图基准线

5.2.2　减速器箱体结构尺寸

减速器箱体起着支承轴系、保证传动件和轴系正常运转的重要作用。铸造箱体从剖分面分为箱盖和箱座两部分,并通过轴承旁的连接螺栓(Md_1)和凸缘处的连接螺栓(Md_2)连接成一体。整个减速器通过箱座底部的地脚螺栓(Md_f)安装在机座上。

1. 箱体壁厚和加强肋厚

如果箱体在加工和工作过程产生不允许的变形,就会引起轴承座孔中心线歪斜,使齿轮在传动过程中产生偏载,影响减速器的正常工作。因此在设计箱体结构时,首先应保证轴承座的刚度。为此应使支承轴承座的箱座有足够的壁厚 δ,并在轴承座附近加设一定厚度 m 的加强肋,一般是外肋。

箱盖的壁厚 δ_1 可参照箱座的壁厚,小于或等于其取值即可。δ、δ_1、m 取值见表 4-1。箱体壁厚确定后,即可在三视图中确定箱体外壁线。如图 5-28 所示的大齿轮所在一侧箱盖的外廓线就是加上箱盖壁厚 δ_1 之后的圆弧。

在对铸造箱体的整个设计过程中,应始终考虑到铸造工艺特点,要力求形状简单、壁厚均匀,过渡平缓,金属不要局部积聚。

首先,考虑到液态铸铁流动的畅通性,铸件壁厚不可太薄,否则可能出现铸件充填不满的严重缺陷。对于中型铸件,其最小壁厚不得小于 8 mm。砂型铸造时的过渡圆角半径可取 $R \geqslant$ 5 mm。

其次,应使机体外形简单,起模方便,铸件沿起模方向应有 1:10～1:20 的起模斜度。

再次,为了避免因冷却不均而造成的内应力裂纹或缩孔,箱体各部分壁厚应均匀。当结构需要从较厚部分过渡到较薄部分时,应采用平缓的过渡结构,见表 5-6。表中数值适用于 $h=(2～3)\delta$ 所示的情况,当 $h>3\delta$ 时,应增大表中数值,当 $h<2\delta$ 时,无须过渡。

表 5-6 铸件过渡部分尺寸　　　　　　　　　　　（单位:mm）

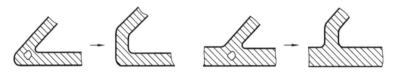	铸件壁厚 h	x	y	R
	10～15	3	15	
	15～20	4	20	5
	20～25	5	25	

最后,为了避免金属积聚、形成缩孔,要将铸件锐角部位设计成过渡结构,如图5-29所示。

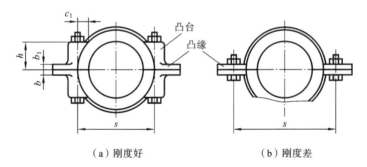

图 5-29　铸件锐角改进结构

2. 箱体结合面凸缘厚度和凸台高度

为保证箱盖与箱座连接处的刚度,该处的凸缘(见图 5-30)应有一定的厚度,箱盖凸缘的厚度 b_1 和箱座凸缘厚度 b 的值见表 4-1。

为确定螺栓凸台的位置和高度,应在主视图上绘制出轴承端盖外径圆。

为提高剖分式箱体轴承座处的连接刚度,轴承座孔两侧的连接螺栓(Md_1)之间的距离 s 越小,连接刚度越高,如图 5-30(a)所示结构就比图 5-30(b)所示结构的刚度要好,即轴承座旁需设置螺栓凸台。为保证连接螺栓安装时有足够的扳手空间,凸台应有一定的高度(h)。

（a）刚度好　　　　　　　　　　　（b）刚度差

图 5-30　轴承旁连接螺栓之间的距离

但若距离 s 过小,有可能使轴承座连接螺栓孔与轴承端盖连接螺栓孔或油沟(如果有)发生干涉,如图 5-31 所示。这时要适当加大 s 值。

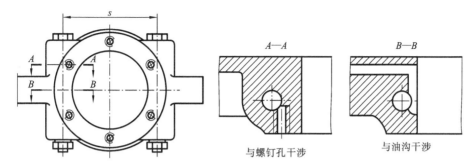

图 5-31　两轴承旁连接螺栓之间的距离过小

　　轴承旁连接螺栓距离 s 一般取 $s=D_2$,其中 D_2 为轴承盖的外径。在两螺栓中心线确定以后,随着凸台高度的增加,扳手空间也在增大(即 c_1 值增大),当满足扳手空间需求时,凸台高度 h 也随之确定。凸台高度确定过程如图 5-32 所示。考虑到加工工艺性要求,减速器轴承旁连接螺栓的凸台高度 h 应尽可能都保持一致。为此,可先确定最大的轴承座的凸台高度,而后定出其他凸台的高度。

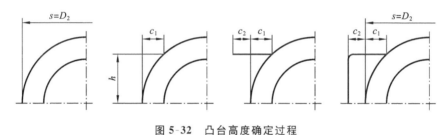

图 5-32　凸台高度确定过程

　　凸台在三个视图中的投影关系如图 5-33 所示。

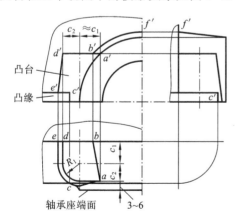

图 5-33　凸台三视图画法

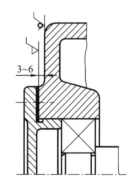

图 5-34　轴承座端面伸出 $3\sim6$ mm

　　需要说明的是,轴承座端面需要加工,因此应比非加工的凸台面向外伸出 $3\sim6$ mm,以便将加工面与非加工面严格分开,如图 5-34 所示。并且大小齿轮轴的轴承座端面都应处在同一平面上,以便一次加工成形,如图 5-35(a)所示结构不正确,图 5-35(b)所示结构正确。

　　还需说明的是,与螺栓头和螺母接触的支承面要求平整,需进行机加工,以免螺栓承受额外的弯矩。凸台上的螺栓、凸缘上的螺栓及地脚螺栓等的连接处,其支承面的加工方法如图

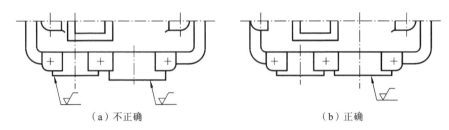

（a）不正确   （b）正确

图 5-35　轴承座端面位置

5-36 所示。其中图 5-36(a)所示为用圆柱铣刀加工沉孔,图 5-36(b)所示为用盘形铣刀加工
凸台。相关尺寸参见 9.7.2 节中表 9-33 和表 9-34。

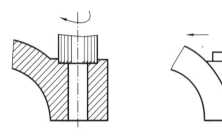

（a）用圆柱铣刀加工沉孔　　（b）用盘形铣刀加工凸台

图 5-36　支承面加工方法

当相邻两凸台距离 e 太小时,如图 5-37(a)所示,凸台之间将出现狭窄缝隙,使得铸造时
砂型强度不够,在取模和浇注时易形成废品,这时应将凸台设计为一体,如图 5-37(b)所示。

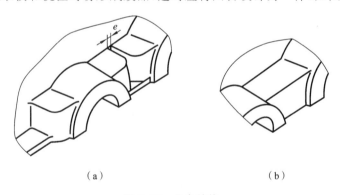

（a）   （b）

图 5-37　凸台结构

3. 小齿轮侧箱盖外廓

通常情况下,大齿轮一侧的轴承旁凸台均在箱盖外廓圆弧之内,而小齿轮一侧的箱盖外表
面需根据结构作图确定。一般应使轴承座旁螺栓凸台位于箱盖外廓圆弧内侧。当凸台位置和
高度确定后,取 $R \geqslant R'$ 绘出箱盖外廓圆弧,其投影关系如图 5-38(a)所示。若取 $R < R'$ 设计箱
盖外廓圆弧,则螺栓凸台将位于箱盖外廓圆弧外侧,其结构和投影关系如图 5-38(b)所示。

箱座和箱盖的外壁处于同一竖直线上,箱盖外廓线确定以后,向下延伸,确定箱座外壁线,
向内取箱座厚度,即可确定箱座内壁线。至此,箱体四个内壁线全部确定。

4. 窥视孔和窥视孔盖

在箱盖顶部作小齿轮侧外廓圆和大齿轮侧外廓圆的切线,即为箱盖顶部外壁线;向内取箱

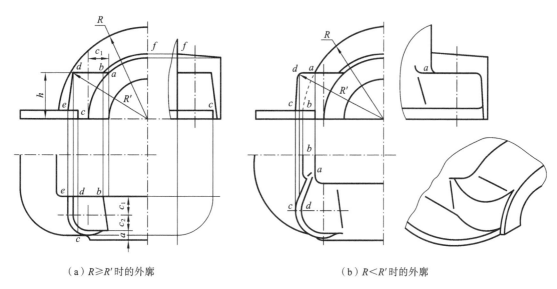

（a）$R \geqslant R'$ 时的外廓　　　　　　　　　（b）$R < R'$ 时的外廓

图 5-38　小齿轮侧箱盖外廓设计

盖壁厚 δ_1，获得内壁线。

　　减速器箱盖的顶部要开窥视孔。窥视孔的位置要能够保证观察到齿轮的啮合区，以便检查齿轮的啮合情况、润滑状况、接触斑点及齿侧间隙等。窥视孔的尺寸要足够大，以便手能伸入箱体内操作。

　　窥视孔上要有盖板，用 M6～M10 的螺栓紧固在窥视孔上，其下用垫片加强密封，以防箱内的润滑油漏出或污物进入箱体内，所以箱盖上开窥视孔处应凸起一块，做出 3～5 mm 的凸台，以便进行机械加工。例如，由图 5-39（a）中的窥视孔无法观察到齿轮啮合情况，该窥视孔尺寸过小，无加工凸起，而图 5-39（b）所示结构较为合理。

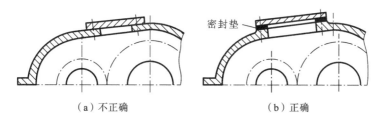

（a）不正确　　　　　　　　　　　　　（b）正确

图 5-39　窥视孔结构

窥视孔盖可用钢板或铸铁制成，其典型结构形式如图 5-40 所示。

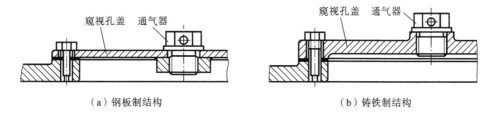

（a）钢板制结构　　　　　　　　　　　（b）铸铁制结构

图 5-40　窥视孔盖结构形式

窥视孔及钢板式窥视孔盖结构尺寸见表 5-7，也可自行设计。

减速器内的润滑油也由窥视孔注入，为了减少油的杂质，可在窥视孔口安装过滤网。

表 5-7　窥视孔盖结构尺寸　　　　　　　　　　　　　　　（单位：mm）

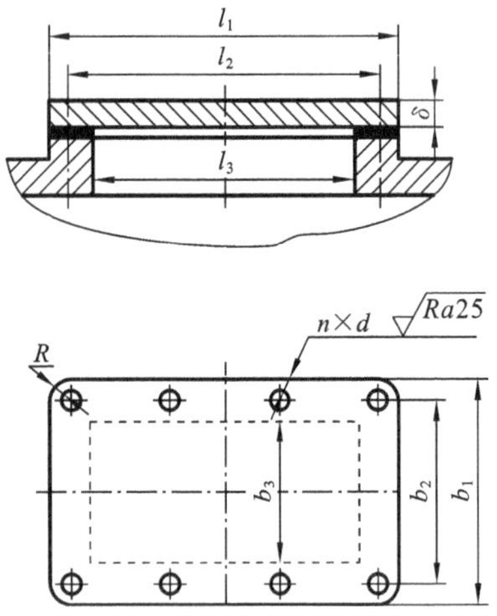

l_1	l_2	l_3	b_1	b_2	b_3	d	n	δ	R	减速器中心距
90	75	60	70	55	40	7	4	4	5	≤150
120	105	90	90	75	60	7	4	4	5	≤250
180	165	150	140	125	110	7	6	4	5	≤350
200	180	160	180	160	140	11	6	4	10	≤450
220	200	180	200	180	160	11	8	4	10	≤500
270	240	210	220	190	160	11	8	6	15	≤700

5. 通气器

通气器的作用是使箱体内热胀气体自由逸出，以保证箱体内外压力均衡，提高箱体有缝隙处的密封性能。所以通气器一般设计在箱盖的顶部最高处或安装在窥视孔盖上。安装在窥视孔盖上时，用一个扁平螺母固定。为防止螺母松脱落到箱体内，一般将螺母焊在窥视孔盖上，如图5-40(a)所示。这种形式结构简单，应用广泛。安装在铸造窥视孔盖或箱盖顶部时，要在铸件上加工螺纹孔和端部平面，如图 5-40(b)所示。

通气器的结构形式很多。简易的通气器用带孔螺钉制成，称为通气塞，其通气孔不直接通向顶端，以免灰尘落入，用于较清洁的场合。如图 5-40 所示的窥视孔盖上安装的就是通气塞。通气塞的结构及尺寸见表 5-8。

通气罩是较完善的通气器，其内部做出了各种曲路，并有金属网，可以减少停机后灰尘随空气吸入机体的机会。表 5-9 所示为常用的 A 型通气罩的结构及尺寸。

表 5-8　通气塞的结构及尺寸　　　　　　　　　　　　　　（单位：mm）

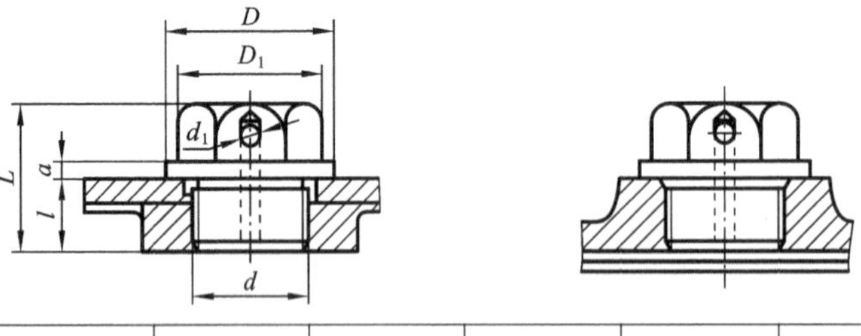

材料：Q235

d	D	D_1	S	L	l	a	d_1
M12×1.25	18	16.5	14	19	10	2	4
M16×1.5	22	19.6	17	23	12	2	5
M20×1.5	30	25.4	22	28	15	4	6
M22×1.5	32	25.4	22	29	15	4	7
M27×1.5	38	31.2	27	34	18	4	8
M30×2	42	36.9	32	36	18	4	8

注：S 为螺母扳手宽度。

表 5-9　A 型通气罩结构及尺寸　　　　　　　　　　（单位：mm）

d	d_2	d_4	D	h	a	b	c	R	D_1
M18×1.5	8	16	40	40	12	7	16	40	25.4
M27×1.5	12	24	60	54	15	10	22	60	36.9
M36×1.5	16	30	80	70	20	13	28	80	53.1

6. 箱体结合面凸缘宽

为保证箱盖与箱座结合面处的密封性,结合面凸缘应有足够的宽度,结合表面应精刨,其表面粗糙度应不大于 $Ra6.3\ \mu m$。凸缘宽要保证连接螺栓(Md_2)的扳手空间,同时螺栓(Md_2)的间距不宜过大。由于中小减速器连接螺栓数目较少,间距一般不大于 100 mm,在布置上应尽量做到均匀对称,符合螺栓组连接的结构要求,同时要注意综合考虑,不要与吊耳、吊钩、定位销及启盖螺栓等相干涉,如图 5-41 所示。图 5-42 所示为螺栓连接的正确画法。

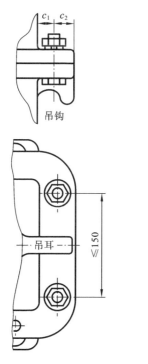

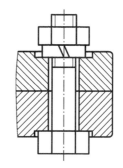

图 5-41　凸缘宽度及连接螺栓(Md_2)布局　　　　图 5-42　螺栓连接的正确画法

7. 吊耳和吊环螺钉

为拆卸箱盖与箱体,常在箱盖上铸造出吊耳、吊钩或装配吊环螺钉。吊耳的结构尺寸如图 5-43 所示,吊钩的结构尺寸如图 5-44 所示。

吊环螺钉是标准件,按起重重量选用,其结构尺寸如表 5-10 所示,单级圆柱齿轮减速器推荐选用吊环螺钉规格见表 5-11。吊环螺钉的主要作用是便于拆卸箱盖,也允许用来吊运轻型减速器。使用吊环螺钉时,要在机盖上直接铸出螺纹孔,在连接端面上局部锪出沉孔,以便在

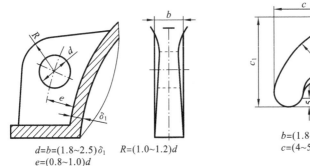

$d=b=(1.8\sim2.5)\delta_1$
$e=(0.8\sim1.0)d$　$R=(1.0\sim1.2)d$

图 5-43　箱盖吊耳的结构尺寸

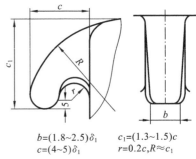

$b=(1.8\sim2.5)\delta_1$　$c_1=(1.3\sim1.5)c$
$c=(4\sim5)\delta_1$　$r=0.2c,R\approx c_1$

图 5-44　箱盖吊钩的结构尺寸

表 5-10　吊环螺钉(摘自 GB/T 825—1988)结构及尺寸　　　　　　(单位:mm)

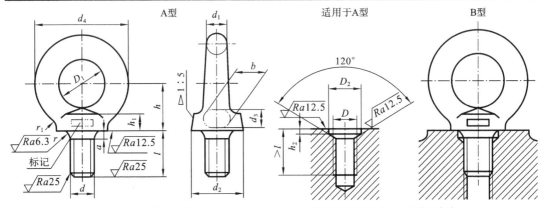

标记示例:螺纹规格 d=M20,材料为 20 钢,经正火处理,不经表面处理的 A 型吊环螺钉

标记为　　螺钉　　　　　　　　　GB/T 825—1988 M20

螺纹规格 d	M8	M10	M12	M16	M20	M24
d_1(最大)	9.1	11.1	13.1	15.2	17.4	21.4
D_1(公称)	20	24	28	34	40	48
d_2(最大)	21.1	25.1	29.1	35.2	41.4	49.4
h_1(最大)	7	9	11	13	15.1	19.1
h	18	22	26	31	36	44
d_4(参考)	36	44	52	62	72	88
r_1	4	4	6	6	8	12
r(最小)	1	1	1	1	1	2
l(公称)	16	20	22	28	35	40
a(最大)	2.5	3	3.5	4	5	6
b	10	12	14	16	19	24
D_2(公称最小)	13	15	17	22	28	32
h_2(公称最小)	2.5	3	3.5	4.5	5	7

装配吊环螺钉时能把螺钉完全拧入,使其台肩抵紧支承面。吊环螺钉旋入螺纹孔中的螺纹部分不应太短,以保证足够的承载能力。吊环螺钉的结构形式如图 5-45 所示。其中图 5-45(a)所示为不正确结构,吊环螺钉旋入螺孔的螺纹部分 l_1 过短,而 l_2 过长,在加工螺孔时,钻头半

表 5-11 单级软齿面圆柱齿轮减速器推荐选用吊环螺钉

螺纹规格 d/mm	M8	M10	M16	M20	M24
中心距 a/mm	100	160	200	250	315
重量 W/kN	0.26	1.05	2.1	4	8

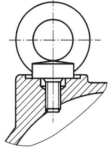 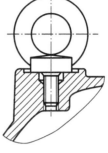

（a）不正确　　　　（b）可行　　　　（c）正确

图 5-45　吊环螺纹孔结构形式

边切削的行程过长,钻头易折断。图 5-46 所示为吊环
螺钉及铸孔结构三视图。

8. 启盖螺栓和定位销

箱盖与箱座装配时在剖分面上所涂密封胶会给
拆卸箱盖带来不便,为此常在箱盖凸缘上装 1~2 个启
盖螺栓。在启盖时,首先拧动螺栓顶起箱盖。启盖螺
栓直径与凸缘连接螺栓(Md_2)相同,位置共线,以便钻
孔。螺纹长度应远大于箱盖凸缘厚度,螺钉端部制成
圆柱形大倒角或半圆形,以免损伤螺纹,如图 5-47(a)
所示。图 5-47(b)所示的螺栓螺纹长度太短,无法顶
起箱盖,且螺栓端部的螺纹容易损伤。

为确定箱座与箱盖的相互位置,保证轴承座孔的
镗孔精度和装配精度,应在箱体的连接凸缘上距离尽
量远处安置两个圆锥定位销,并尽量设置在不对称位
置,以提高定位精度。

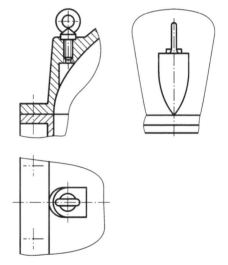

图 5-46　吊环螺钉及铸孔结构三视图

定位销分圆柱销和圆锥销两种(见 9.6.2 节)。圆锥定位销可多次装拆而不影响定位精
度。圆锥销的公称直径是小端直径,一般选用直径为 $d=(0.7\sim0.8)d_2$(d_2 是凸缘连接螺栓
直径),长度大于箱体上下凸缘总厚度,以便装拆,如图 5-48(a)所示。图 5-48(b)所示的圆锥
销长度太短。

定位销孔是在箱盖和箱座剖分面加工完毕并用螺栓固联后进行配钻和配铰的。其位置应
便于钻、铰和装拆,不应与邻近箱壁和螺栓等相碰。

9. 箱座的高度

确定了箱座四个内壁以后,就可以确定箱座高度。对于减速器内的齿轮传动采用浸油润
滑的情况,箱体内应有足够的润滑油,以便润滑和散热。润滑油的油面高度至少应淹没大齿轮
齿根最低部位,即齿轮的浸油深度 h 为大齿轮一个齿高,且不应小于 20 mm。这样确定出来的

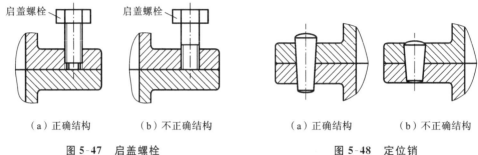

（a）正确结构　　　（b）不正确结构　　　　　（a）正确结构　　　（b）不正确结构

图 5-47　启盖螺栓　　　　　　　　　　　图 5-48　定位销

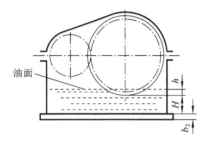

图 5-49　箱座高度

油面是最低油面。同时为了避免齿轮搅油时沉渣泛起，大齿轮齿顶到油池底面的距离 H 不应小于 30 mm，如图 5-49 所示。

为保证散热，需按传递功率大小验算所需油量。对于单级减速器，每传递功率 1 kW 所需油量为 $3.5\times10^5\sim7\times10^5$ mm³（小值用于低黏度油，大值用于高黏度油）。

根据油面位置即可计算出箱体的贮油量。若贮油量不能满足所需油量要求，应适当将箱座内部底面下移。

10. 箱座底面凸缘及地脚螺栓（Md_f）布局

箱座底面是安装面，需要切削加工。为减少加工面积，几乎不采用图 5-50（a）所示的结构。一般对中小型减速器采用图 5-50（b）所示结构，对大型减速器采用图 5-50（c）所示的结构。

（a）结构一　　　　　（b）结构二　　　　　（c）结构三

图 5-50　箱座底面结构

箱座底凸缘是承载减速器受力的主要部件，要保证具有一定的强度和刚度，箱座底凸缘要有一定的厚度 b_2（见表 4-1）。箱座底凸缘的宽度要保证连接地脚螺栓时的扳手空间 c_1、c_2，而底部凸缘接触面的宽度 B 应超过机体内壁位置，如图 5-51（a）所示结构较好，而图 5-51（b）所示则是不好的结构。

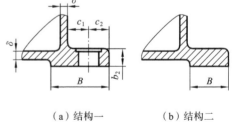

（a）结构一　　　（b）结构二

图 5-51　箱座底凸缘结构尺寸

11. 油沟结构尺寸

当利用箱体内齿轮传动溅起来的油润滑轴承时，通常在箱座的凸缘面上开设油沟，使飞溅到箱盖内壁，经斜面流入到油沟，再经轴承盖上的导油槽流入轴承室润滑轴承，如图 5-52 所示。

油沟的加工分为铸造油沟（见图 5-53（a））和机加工油沟（见图 5-53（b）、（c））。铸造油沟由于工艺性不佳，用得较少；机加工油沟工艺性好，容易制造，应用较多。机加工油沟的宽度最好与刀具的尺寸相吻合，以保证在宽度方向上一次加工即达到要求的尺寸。

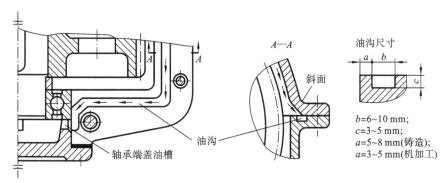

图 5-52　油沟结构及尺寸

12. 油标和油标座孔

油标用于检测箱内油面高度,一般放置在便于观察油面及油面稳定的减速器侧面。在减速器中一般多用带有螺纹的油标尺。其结构简单,尺寸如图 5-54 和表 5-12 所示。在减速器侧面铸出的油标尺座孔的位置和倾斜角度要合理。位置不要太低,以防箱体内的润滑油溢出,最好与水平面成 45°或大于 45°的夹角,以便于座孔的加工和油标尺的插取,如图 5-55(a)、(b)所示。油标尺上的油面刻度线应按齿轮浸入深度确定。如图 5-55(c)所示。油标座孔正视图与侧视图的投影关系如图 5-56 所示。

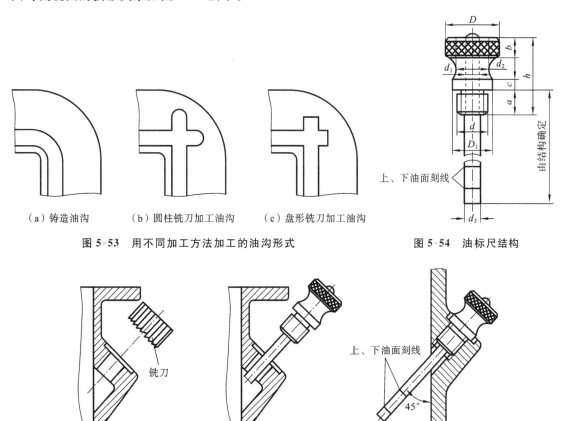

（a）铸造油沟　　　　　（b）圆柱铣刀加工油沟　　　　（c）盘形铣刀加工油沟

图 5-53　用不同加工方法加工的油沟形式

图 5-54　油标尺结构

（a）倾斜度便于座孔加工　　　　　（b）倾斜度便于油标尺插取　　　　　（c）油面刻线

图 5-55　油标尺的位置及倾角

表 5-12   油标尺结构尺寸   （单位:mm）

d	d_1	d_2	d_3	h	a	b	c	D	D_1
M12	4	12	6	28	10	6	4	20	16
M16	4	16	6	35	12	8	5	26	22
M20	6	20	8	42	15	10	6	32	26

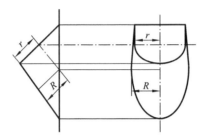

图 5-56   油标尺座孔投影关系

在无法安装油标尺时也可以选用压配式圆形油标和旋入式圆形油标标准件。旋入式圆形油标结构及尺寸见表 5-13。

表 5-13   旋入式圆形油标结构及尺寸(摘自 JB/T 7941.2—1995)   （单位:mm）

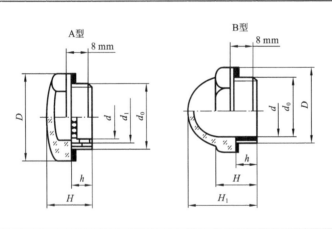

标记示例

视孔 $d=32$ mm,A 型旋入式圆形油标标记为

油标 A32 GB 1160.2

d	d_a	D		d_1		S		H	H_1	h
		基本尺寸	极限偏差	基本尺寸	极限偏差	基本尺寸	极限偏差			
10	M16×1.5	22	−0.065 −0.195	12	−0.050 −0.160	21	0 −0.33	15	22	8
20	M27×1.5	36	−0.080 −0.240	22	−0.065 −0.195	32	0 −1.00	18	30	10
32	M42×1.5	52	−0.100 −0.290	35	−0.080 −0.240	46		22	40	12
50	M60×2	72		55	−0.100 −0.290	65	0 −1.20	26	—	14

13. 放油螺塞和放油孔

放油孔用于将含有杂质的润滑油倾倒出箱体,放油孔的位置应放在油池最低处,如图 5-57所示。减速器正常工作时,放油孔用螺塞堵住,因此放油孔处的机体外壁应凸起一块,便于加工出螺塞头的支承面,并加皮封油圈以加强密封。放油螺塞的直径为箱座壁厚的 2~3倍,采用细牙螺纹以保证紧密性。放油螺塞、皮封油圈的结构及尺寸见表 5-14。

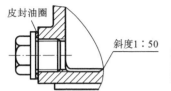
（a）正确的位置

（b）位置过高

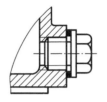
（c）可行但攻螺纹工艺性差

图 5-57　放油孔位置及装配形式

表 5-14　外六角放油螺塞(摘自 JB/ZQ 4450—2006)、皮封油圈结构及尺寸　（单位:mm）

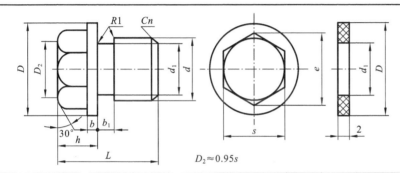

$D_2 \approx 0.95s$

标记示例
螺塞 M20×1.5
JB/ZQ 4450—2006

d	d_1	D	e	s 基本尺寸	s 极限偏差	L	h	b	b_1	R	C	质量/kg
M12×1.25	10.2	22	15	13	0 −0.24	24	12	3	3	1	1.0	0.032
M20×1.5	17.8	30	24.2	21	0 −0.28	30	15	4	3	1	1.0	0.090
M24×2	21	34	31.2	27	0 −0.28	32	16	4	4	1.5	0.145
M30×2	27	42	39.3	34	0 −0.34	38	18	4	4	1.5	0.252

14. 箱座吊钩

箱座两侧铸出的吊钩主要用于起吊或搬运整个减速器。其结构和尺寸可参考图 5-58进行设计,具体设计时可根据情况加以修改。

至此,箱盖、箱座及减速器的附件已全部设计完毕,形成的装配底图如图 5-59所示。

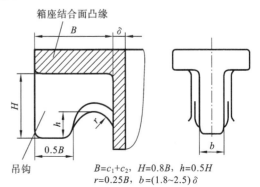

$B=c_1+c_2$, $H=0.8B$, $h=0.5H$
$r=0.25B$, $b=(1.8~2.5)\delta$

图 5-58　箱座吊钩结构及尺寸

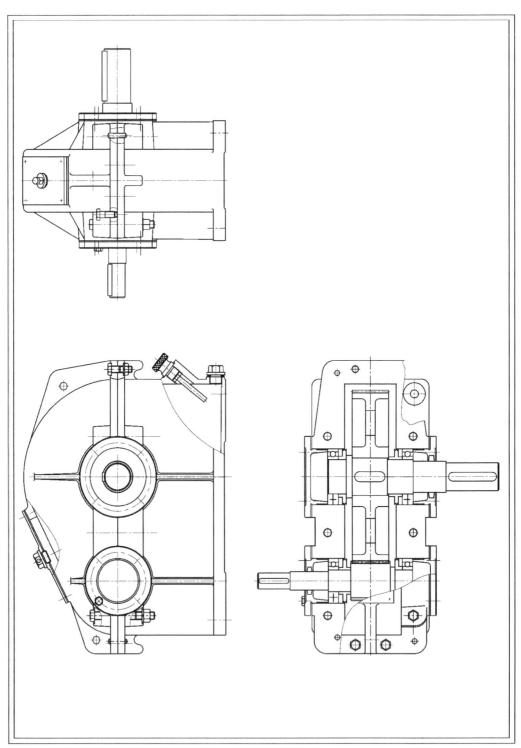

图 5-59　减速器装配底图

5.3　装配图的检查与修改

减速器装配底图绘制好后,不要急于描粗加深,应仔细检查和认真审核,并进行修改和完善。

审图方式可采取个人检查、相互检查或交指导教师检查等方式。主要检查内容包括结构、工艺和制图等方面。

1) 结构、工艺方面

应注意检查:

(1) 装配图布置与传动方案布置是否一致,特别注意装配图上运动的输入和输出端的位置是否符合任务书中传动方案的要求。

(2) 轴上零件沿轴向能否固定。

(3) 轴上零件沿轴向能否顺利装配及拆卸。

(4) 润滑和密封是否能保证。

(5) 箱体结构的合理性及工艺性,附件的布置是否恰当,结构是否正确。

(6) 重要零件如齿轮、轴、轴承及箱体等是否满足强度、刚度等要求,其计算方法和结论是否正确。

2) 制图方面

应注意检查:

(1) 减速器中所有零件的基本外形及相互位置是否表达清楚,需要表达减速器内部结构或三视图无法表达清楚时应该用剖视、剖面或局部视图辅助表达。

(2) 各零件的投影关系是否正确,应特别注意零件配合处的投影关系。

(3) 螺纹连接、键连接、啮合齿轮及其他零件的画法是否符合机械制图标准规定画法。

5.4　装配图的完成

这一阶段是完成课程设计的关键环节,其主要内容是:按国家制图标准规定画法绘制各视图;标注必要的尺寸及配合关系;编制减速器技术特性表;编写技术要求;标注零、部件的序号;绘制、填写标题栏及明细表等。

1. 装配图的加深

首先,按机械制图的要求加深底图。加深前,必须先全面检查,把多余的线和作图辅助线擦去。加深时所有的线条,包括中心线均需按机械制图线型标准进行加深。加深顺序是:先细后粗,先曲后直,先水平后竖直。

其次,画剖面线时注意同一零件特别是箱盖、箱座在各个剖视图中的剖面线倾斜方向应相同,间距应相等。相邻零件的剖面线方向或间距应不同,以便区分。某些较薄的零件如轴承端盖处的调整垫片、窥视孔盖处的密封件、放油螺塞处的密封件等,其剖面宽度尺寸较小,可用涂黑代替剖面线。轴承端盖与轴间的毡圈为非金属件,剖面线为网格线。

最后,装配图中某些结构可以采用简化画法,如对于同类型、同尺寸的螺栓连接,可以只画一个,其他用中心线表示。螺栓、螺母、滚动轴承可以采用机械制图标准中规定的简化画法。在图上尽量避免用虚线表达零件结构。

2. 标注尺寸

装配图上应标注的尺寸主要有四类:特性尺寸、外形尺寸、安装尺寸和配合尺寸。尺寸标注既要完整、正确、清晰,又不能重复与多余,要符合尺寸标注的国家标准。尺寸应尽量集中标注在反映主要结构的视图上。

(1) 特性尺寸　特性尺寸是提供减速器性能、规格和特征,对减速器装配体影响最大的那些尺寸,如齿轮传动的中心距及偏差。

(2) 外形尺寸　外形尺寸是指减速器所占空间位置的尺寸,供安装时布置机组及运输装箱时做参考,如减速器总长、总宽、总高。

(3) 安装尺寸　安装尺寸是指提供减速器与其他有关零、部件连接关系的尺寸,如箱座底面的长和宽,地脚螺栓孔直径,地脚螺栓孔中心的定位尺寸,减速器中心高,输入、输出轴外伸端的配合直径、长度及伸出距离等。

(4) 配合尺寸　凡有配合要求的配合部位都应标出配合尺寸,以解决基准制、配合特性及配合精度问题。正确解决这三个问题对提高减速器工作性能、装拆方便性和加工工艺性及降低减速器成本等具有重要意义。减速器中的主要配合有齿轮、带轮、链轮、联轴器与轴的配合,轴承内孔与轴的配合,轴承外圈与箱座孔的配合,轴承端盖与箱座孔的配合等。表 5-15 给出了减速器主要零件的推荐配合,供设计时参考。

一般均应优先采用基孔制。但滚动轴承是标准件,其外圈与座孔相配采用基轴制,内孔与轴颈配合采用基孔制,见轴承手册或见 9.5.4 节表 9-23、表 9-24。轴承配合的标注方法也与其他零件不同,只需标出与轴承相配合的座孔和轴颈的公差带符号即可。当零件的一个表面同时与两个或两个以上零件相配合,其配合性质又互不相同时,往往采用不同基准制的配合。

表 5-15　减速器主要零件的推荐配合

配 合 零 件	推 荐 配 合	拆 装 方 法
大齿轮与轴的配合,轮缘与轮芯的配合	$\dfrac{H7}{r6}$;$\dfrac{H7}{s6}$	用压力机和温差法(中等压力的配合,小过盈配合)
一般齿轮、带轮、联轴器与轴的配合	$\dfrac{H7}{r6}$	用压力机(中等压力的配合)
要求对中性良好及很少装拆的齿轮、联轴器与轴的配合	$\dfrac{H7}{n6}$	用压力机(较紧的过渡配合)
经常拆装的齿轮、联轴器与轴的配合	$\dfrac{H7}{m6}$;$\dfrac{H7}{k6}$	手锤打入(过渡配合)
滚动轴承内孔与轴的配合(内圈旋转)	j6(轻负荷);k6,m6(中等负荷)	用压力机(实际是过盈配合)
滚动轴承外圈与轴承座孔的配合	H7;H6(精度高时要求)	
轴承盖与箱座孔(或套杯孔)的配合	$\dfrac{H7}{d11}$;$\dfrac{H7}{h8}$	
嵌入式轴承盖的凸缘厚与箱体孔凹槽之间的配合	$\dfrac{H7}{h11}$	木槌或徒手拆装
与密封件相接触轴段的公差带	f9;h11	

3. 编制技术特性

在装配图的适当位置写出减速器的技术特性,包括减速器的输入功率和输入轴的转速、传动效率和传动特性,如传动比、齿轮的主要参数等。技术特性通常采用表格形式来描述,见表 5-16。

表 5-16　单级减速器技术特性

输入功率 P /kW	输入转速 n /(r/min)	效率 η	传动比 i	模数 m	齿数比 z_2/z_1	精度等级

4. 编写技术要求

装配图的技术要求是用文字说明在视图上无法表达的有关装配、调整、检验、润滑、维护等方面的内容,它和图面表示的内容是同等重要的。正确制定技术要求将保证减速器的工作性能。

技术要求与设计要求有关,主要包括以下几方面。

1) 装配前对零件表面的要求

(1) 所有零件均应清除铁屑并用煤油、汽油等清洗干净。

(2) 箱体内表面和齿轮等未加工表面应先涂底漆和红色耐油漆。箱体外表面应先涂底漆及油漆。

(3) 零件配合面洗净后应涂润滑油。

2) 安装和调整要求

(1) 滚动轴承的安装　安装时轴承内圈应紧贴定位轴肩或定位环,要求间隙不得通过 0.05 mm 厚的塞尺。

(2) 轴承轴向间隙或游隙　对于游隙不可调的深沟球轴承,一般留有轴向间隙 $\Delta = 0.25 \sim 0.4$ mm;对于可调间隙轴承的轴向间隙可查阅相关机械设计手册,并注明轴向间隙值。

(3) 齿轮副的齿侧间隙和齿面接触斑点　这两项是由传动精度确定的,要求必须提出具体数值以供安装后检验使用。

侧隙大小是由选择适当的齿厚极限偏差和中心距极限偏差来保证的。其值可查齿轮传动公差表。检验方法是将塞尺或铅片塞进相互啮合的两齿间,然后测量塞尺厚度或铅片变形后的厚度。

接触斑点的检测方法是在主动齿轮面上涂色,当主动轮转 $2 \sim 3$ 周后,观察从动轮齿面上的着色情况,分析接触区的位置及接触面积大小是否符合要求。

3) 润滑要求

润滑剂对传动性能有很大的影响,它起着减少摩擦、降低磨损和散热冷却作用,同时也有利于减振、防锈及冲洗杂质。在技术要求中,应写明齿轮及轴承的润滑剂品种、用量及更换时间。

选择润滑剂时,应考虑齿轮传动的类型、载荷性质及运转速度。一般在重载、高速、频繁启动、反复运转情况下,由于形成油膜条件差、温升高,所以应选择黏度高、油性和挤压性好的润滑油。在轻载、间歇工作情况下,可选黏度较低的润滑油。当轴承与齿轮采用同一润滑油时,应优先满足齿轮传动的要求并适当兼顾轴承的要求。

一般齿轮减速器常用 LAN 系列的全损耗系统用油,如 LAN68、LAN100 润滑油,对于中、重型减速器可用 L-CKC 系列工业闭式齿轮油如 L-CKC100、L-CKC150,以及极压齿轮油等润滑。

更换润滑油时间:一般新减速器第一次使用时,运转 $7 \sim 14$ 天后换油,以后可根据情况每隔 $3 \sim 6$ 个月换一次油。

轴承用润滑脂润滑时,填入轴承室中的润滑脂应当适量,过多易发热,过少则达不到预期的润滑效果。当轴承转速较低(n<1500 r/min)时,润滑脂填入量不得超过轴承空隙体积的 2/3;当轴承转速较高 n>1500 r/min 时,润滑脂填入量不得超过轴承空隙体积的 1/3~1/2。润滑脂用量过多会使阻力增大,温升过高,影响润滑效果。添加润滑脂时,可拆去轴承盖,也可采用添加润滑脂的装置,如旋盖式油杯、压注油杯等。

4) 密封要求

(1) 箱盖与箱座结合面应涂密封胶或水玻璃,但不允许加任何垫片;装配时在拧紧箱体连接螺栓前,应使用 0.05 mm 的塞尺检查箱盖和箱座结合面之间的密封性。

(2) 轴伸出处应涂润滑脂密封,各密封装置应严格按图纸所示位置安装。

5) 试验要求

(1) 空载试验。在额定转速下正反向运转 1~2 h。

(2) 负荷试验。在额定转速、额定载荷下运转至油温平衡为止。要求减速器油池温升不超过 35 ℃,轴承温升不超过 40 ℃。

(3) 全部试验过程中,要求运转平稳、噪声小,连接固定处不松动,各密封、结合处不渗油、不漏油。

6) 包装和运输要求

(1) 外伸轴及其附件应涂油包装。

(2) 搬动、起吊时不得使用箱盖上的吊环螺钉或吊耳。

以上技术要求不一定要全部列出,有时还须另增项目,主要根据设计的具体要求并参照国家标准《圆柱齿轮减速器通用技术条件》确定。

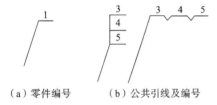

（a）零件编号　（b）公共引线及编号

图 5-60　零件编号和公共引线编号

5. 标注零件序号

装配图上所有零件均应标出序号,但相同零件只能有一个编号,编号引线互不相交,并尽量不与剖面线平行。独立部件如滚动轴承、油标等可作为一个零件编号。对装配关系清楚的如螺栓、螺母及垫圈组成的零件组可利用公共引线。编号应按顺时针或逆时针方向顺次排列。编号与引线方法如图 5-60 所示。字高要比尺寸数字高度大一号或两号,字体高度(单位:mm)规定为 2.5、3.5、5、7、10、14、20 七种。

6. 绘制填写明细表和标题栏

明细表是减速器所有零件的详细目录,填写明细表的过程也是最后确定材料及标准件的过程。明细表的格式与尺寸如图 5-61 所示。明细表由下向上填写,标准件必须按规定的标记方法标记,材料应注明牌号。齿轮还应注明模数、齿数等主要参数。

03	大齿轮$m=5,z=79$	1	45		
02	机盖	1	HT200		
01	机座	1	HT200		
序号	名　　称	数量	材料	标　　准	备注
10	40	10	20	40	20

140

图 5-61　明细表格式

完成的装配图如图 5-62 所示。

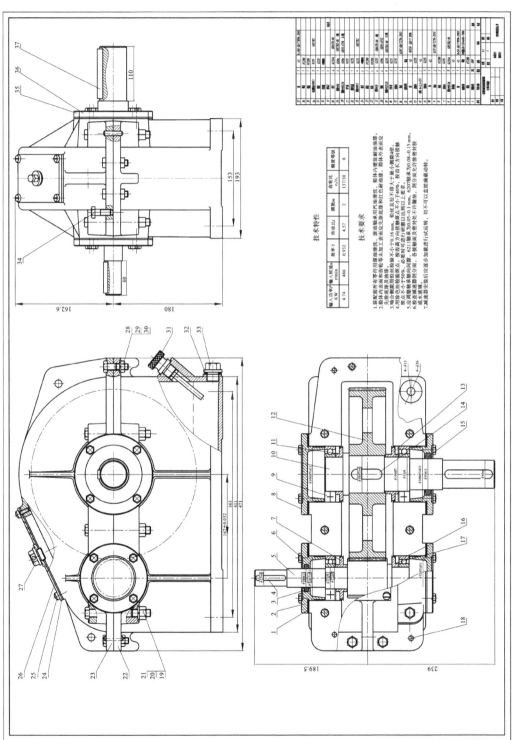

图 5-62　减速器装配图

第6章 零件工作图设计

零件工作图简称零件图,它是零件制造、检验和制定工艺规程的基本技术文件,反映设计意图。正确、合理地设计零件图,可以起到减少废品、降低生产成本、提高生产率和机械使用性能的作用。

6.1 零件工作图的要求

零件工作图应包括制造和检验零件所需的全部内容,如图形、尺寸及其公差、几何公差、表面粗糙度、对材料及热处理的说明及其他技术要求、标题栏等。

每个零件必须单独绘制在一个标准图幅中。绘制零件图的基本要求如下。

1. 正确选择和合理布置视图

用尽可能少的视图、剖视、剖面及其他机械制图中规定的画法,清晰而正确地表达出零件的结构形状和几何尺寸。制图比例优先采用1:1,对于局部细小结构可另行放大绘制。

2. 合理标注尺寸

尺寸必须齐全、清楚,并且标注合理,无遗漏,不重复。

根据设计要求和零件的制造工艺正确选择尺寸基准面;重要尺寸应标注在最能反映形体特征的视图上;对配合尺寸和要求较高的尺寸,应标注尺寸的极限偏差,并根据不同的使用要求,标注表面几何公差和位置公差。

对于细小结构,如退刀槽、圆角、倒角和铸件壁厚的过渡尺寸等,都要在零件工作图上绘制出来或标明。

所有加工表面都应注明表面粗糙度。当较多表面具有同样的表面粗糙度时,则其粗糙度要求可以统一标注在图样中的标题栏附近,并在粗糙度符号后面加上圆括号,在圆括号中绘制一个基本符号。

3. 编写技术要求

零件在制造、检验或功用上应达到的要求,当不便或不能使用图形或符号标注时,用文字加以说明。它的内容广泛,需视具体零件的要求而定。

6.2 轴类零件工作图的设计

轴类零件是指圆柱体形状的零件,如轴、套筒等。

1. 视图

表达轴类零件一般只需一个主视图。在有键槽和孔的地方,可增加局部剖视图;对轴上的中心孔、退刀槽、砂轮越程槽等细小结构有要求时,可画出局部放大图。

2. 标注尺寸

对轴类零件主要标注各轴段的直径尺寸和长度尺寸,如图 6-1 所示。

标注轴的直径尺寸时,可直接标注在相应轴段上,必要时可标注在引出线上;有配合关系的部位必须有尺寸公差;当轴上几段轴段直径和尺寸公差都相同时,应逐一标注,不得省略。

轴类零件主要是在车床上加工。标注轴的长度尺寸时,首先要确定尺寸基准。要根据零件尺寸的精度要求和车削加工工艺过程,确定加工基准后,确定主要基准和辅助基准,并选择合理的标注形式。对于尺寸精度要求高的长度尺寸,应直接注出,避免加工过程中的尺寸换算。不允许尺寸链封闭,通常使轴上最不重要的轴段的轴向尺寸作为尺寸的封闭环而不标注。

如图 6-1 所示的减速器输出轴,长度尺寸中基面 I 为主要基准。尺寸 L_2、L_3、L_4、L_5 和 L_7 等尺寸都是以基面 I 作为基准标注的,加工时一次测量,可减小加工误差。d_2 和 d_6 轴段的长度误差大小不影响装配精度及使用,故取为封闭环不标注尺寸,使轴向加工误差累积在这两个轴段上,避免出现封闭的尺寸链。

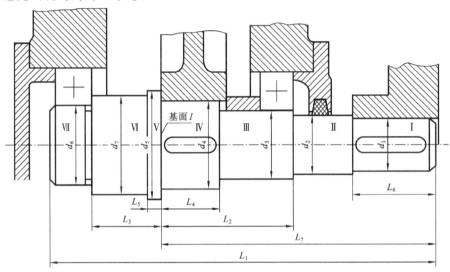

图 6-1 　轴的尺寸标注

键槽在轴上的位置及长度尺寸在主视图上表达,而键槽的截面尺寸应在剖面图上反映。键槽深度一般改注尺寸 $d-t$ 值,再标注极限偏差(此时极限偏差值取负值)。

3. 尺寸公差

对轴的重要尺寸,如安装齿轮、链轮、带轮、联轴器及轴承的轴段直径,均应依据装配图所选的配合性质,查表 9-43 或表 9-45 的公差值,在图上标出极限偏差;键槽的尺寸及公差应依据键连接标准公差(见表 9-27)规定进行标注。在普通减速器设计中,轴的长度尺寸一般不标注尺寸公差,按自由公差处理。

4. 几何公差

几何公差的类型、几何特征符号、基准符号等见表 9-49。轴上各重要表面,应标注形状公差和位置公差,如跳动公差、圆柱度公差、键槽对称度公差等,以保证轴的加工精度和轴的装配质量。轴类零件几何公差推荐标注项目见表 6-1,公差值见表 9-51 至表 9-54。轴承与轴颈和外壳孔公差值见表 9-25。

5. 表面粗糙度

表面粗糙度标注的符号、意义及方法见 9.8.3 节。表面粗糙度的大小会影响到轴类零件的疲劳强度、耐磨性及配合性质,因此,轴的各个表面要素均应标注表面粗糙度。轴的各个表面工作要求不同,故其表面粗糙度也不相同,其表面粗糙度数值可按表 6-2 选取。详细的推荐值见表 9-57,采用不同加工方法得到的表面粗糙度见表 9-56。

表 6-1　轴类零件几何公差推荐标注项目

表面要素	公差类别	公差项目	公差符号	精度等级	对工作性能的影响
与滚动轴承相配合的轴颈表面	形状公差	圆柱度	⌭	5～6	影响与轴承配合的松紧、对中性及几何回转精度
	跳动公差	径向圆跳动	↗	5～6	影响整个轴系的回转偏心
与传动零件相配合的轴颈表面	形状公差	圆柱度	⌭	7～8	影响与传动零件配合的松紧、对中性及几何回转精度
	跳动公差	径向圆跳动	↗	6～7	影响传动零件的回转偏心
滚动轴承、齿轮定位的轴肩面	跳动公差	端面圆跳动	↗	6～7	影响轴承、齿轮的定位及受载荷均匀性
平键键槽两侧面	位置公差	对称度	⹀	6～8	影响键受载荷的均匀性、键的拆装难易程度

表 6-2　轴表面粗糙度推荐值

表面要素		表面粗糙度 Ra 推荐值 /μm		
与滚动轴承相配合的轴颈表面		0.8（轴承内径 $d \leqslant 80$ mm）		1.6（轴承内径 $d > 80$ mm）
与传动零件相配合的轴颈表面		1.6～3.2		
滚动轴承、齿轮定位的轴肩面		0.8～1.6		
平键键槽	工作面	1.6～3.2		
	非工作面	6.3～12.5		
轴密封段表面	密封材料	与轴密封处的圆周速度 v/(m/s)		
		$v \leqslant 3$	$3 < v \leqslant 5$	$v > 5$
	橡胶	—	0.8～1.6 抛光	0.4～0.8 抛光
	毛毡	1.6～3.2 抛光		—
	迷宫式	3.2～6.3		
	涂油槽	3.2～6.3		

6. 技术要求

轴类零件的技术要求一般包括以下内容：

(1) 对材料力学性能、化学成分的要求及允许使用的代用材料；

(2) 对材料表面力学性能的要求，如热处理方法、热处理后的硬度、渗碳层深度及淬火深度等；

(3) 对机械加工的要求，如是否保留中心孔（保留中心孔时，应在图中画出或按国家标准加以说明），或与其他零件配作的要求（如配钻或配铰等）；

(4) 图上未注明圆角、倒角的说明及其他一些特殊要求（如镀铬）等。

7. 轴类零件工作图示例

图 6-2 所示为某减速器轴零件工作图示例，供设计时参考。

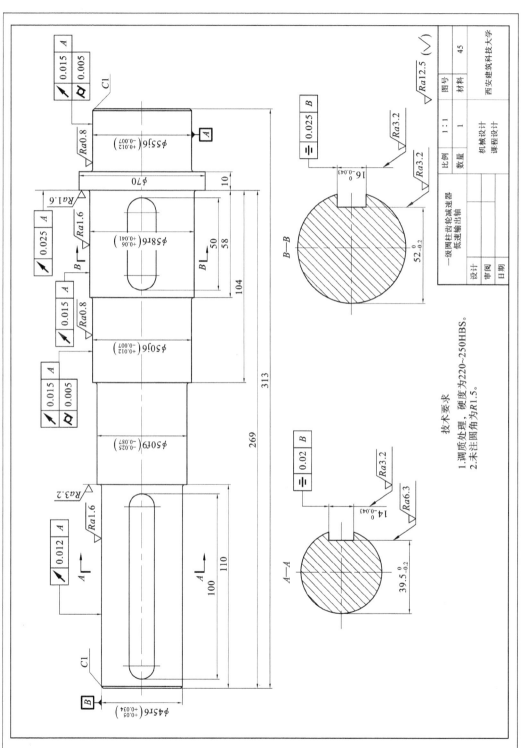

技术要求
1. 调质处理，硬度为220~250HBS。
2. 未注圆角为R1.5。

图6-2 轴零件工作图

6.3　齿轮类零件工作图的设计

齿轮类零件的工作图中除了零件图和技术要求外,还应有啮合特性表。

1. 视图

齿轮类零件图应按照国家的有关标准规定绘制,一般需两个视图(见 9.9.1 节表 9-58)。主视图将齿轮中心轴线水平布置,用全剖或半剖视图表达孔、轮毂、轮辐和轮缘的细节。左视图可以全部画出,若齿轮结构较简单,也可以用局部剖面图表达齿轮孔、键槽的形状和尺寸;倒角、圆角和铸(锻)造斜度应逐一标注在图上或写在技术要求中。

齿轮轴的视图与轴类零件相似。

2. 尺寸

齿轮类零件的尺寸可按回转件的尺寸标注。齿轮类零件的轮毂孔不仅是装配的基准,也是齿轮加工和检验的基准,所以径向尺寸以齿轮轴线为基准,以 ϕ 标注。齿轮的端面是装配时的定位基准,也是切齿时的定位基准,所以齿宽方向尺寸以端面为基准,按不同的要求,分别标注。标注尺寸时应注意:齿轮类零件的分度圆虽然不能直接测量,但它是设计的基本尺寸,应标注在图上,精确到小数点后两位;齿根圆是按齿轮参数切齿后形成的,按规定在图上不标注。

3. 尺寸公差

齿轮类零件的轮毂孔是重要基准,其加工质量直接影响到零件的旋转精度,故孔的尺寸精度一般选为 7 级;齿轮的齿顶常用作工艺基准和测量定位基准,所以应标注出齿顶圆尺寸偏差。齿轮的精度为 6～8 级时,齿顶圆直径尺寸公差为 h8;齿轮的精度为 9～10 级时,齿顶圆直径尺寸公差为 h9。轮毂孔上键槽的尺寸公差见表 9-27。

4. 几何公差

齿轮类零件的几何公差参考表 6-3 的推荐项目,公差值见表 9-51 至表 9-54。

表 6-3　齿轮类零件几何公差推荐项目

内　　容	项　　目	符　号	推荐精度等级	对工作性能影响
位置公差	圆柱齿轮以齿顶圆作为测量基准时齿顶圆的径向圆跳动	∕	按齿轮的精度等级	影响齿厚的测量精度并在切齿时产生相应的齿面径向跳动误差。使传动件的加工中心与使用中心不一致,引起分齿不均。同时会使轴心线与机床垂直导轨不平行而引起齿向误差
	基准端面对轴线的端面圆跳动			加工时引起齿轮倾斜或心轴弯曲,对齿轮加工精度影响较大
	键槽侧面对孔中心线的对称度	═	8～9	影响键侧面受载的均匀性及装拆
形状公差	轴孔的圆柱度	⌀	7～8	影响传动零件与轴配合的松紧及对中性

5. 表面粗糙度

表 6-4 列出了齿轮类零件表面粗糙度的推荐值,供设计时参考。详细的推荐值见表 9-57,采用不同加工方法得到的表面粗糙度见表 9-56。

表 6-4 齿轮类零件表面粗糙度 Ra 的推荐值

加 工 表 面		精 度 等 级			
		6	7	8	9
轮齿工作面		<0.8	1.6～0.8	3.2～1.6	6.3～3.2
齿顶圆	测量基面	1.6	1.6～0.8	3.2～1.6	6.3～3.2
	非测量基面	3.2	6.3～3.2	6.3	12.5～6.3
轴孔配合面		3.2～0.8		3.2～1.6	6.3～3.2
与轴肩配合的端面		3.2～0.8		3.2～1.6	6.3～3.2
其他加工面		6.3～1.6		6.3～3.2	12.5～6.3

6. 技术要求

齿轮类零件的主要技术要求有:

(1) 对铸件、锻件或其他类型坯件的要求;

(2) 对材料力学性能和化学成分的要求及允许代用的材料;

(3) 对材料表面力学性能、齿部热处理方法、热处理后的硬度要求;

(4) 未注明的圆角、倒角的说明及锻造或铸造斜度要求等;

(5) 对大型齿轮或高速齿轮的平衡试验要求等。

7. 啮合特性表

齿轮类零件图上的啮合特性表应布置在图纸右上角,如图 6-3 所示。啮合特性表中内容由两部分组成。第一部分是齿轮的基本参数,如该齿轮的齿数 z、模数 m、齿顶高系数 h_a^*、顶隙隙数 c^*、精度等级、中心距及其偏差。精度等级列出齿轮检验项目的精度等级及其标准。例如当齿轮的所有检验项目均为 7 级时,应注明:7 GB/T 10095.1 或 7 GB/T 10095.2。当齿轮的各检验项目精度等级不同,例如 F_a 为 6 级,F_p 为 7 级时,应注明 6(F_a)、7(F_p)GB/T 10095.1。中心距极限偏差值见表 9-59。第二部分是齿轮和传动误差检验项目及其偏差值或公差值。机械设计手册推荐的某一检验组包括单个齿距偏差 f_{pt}(见 GB/T 10095.1、表 9-60)、齿距累积总偏差 F_p(见 GB/T 10095.1、表 9-60)、齿廓总偏差 F_a(见 GB/T 10095.1、表 9-60)和径向圆跳动公差 F_r(见 GB/T 10095.2、表 9-61)。标准直齿圆柱齿轮公法线长度 $W_k = W_k^* \cdot m$,(m 为模数),W_k^* 及跨测齿数 k 见表 9-62;公法线上偏差 $E_{bns} = E_{sns}\cos\alpha$,公法线下偏差 $E_{bni} = E_{sni}\cos\alpha$,其中,$E_{sns}$,$E_{sni}$ 分别为齿厚允许的上、下偏差,见表 9-63。

8. 齿轮零件工作图示例

图 6-3 所示为某减速器从动齿轮零件工作图示例,供设计时参考。

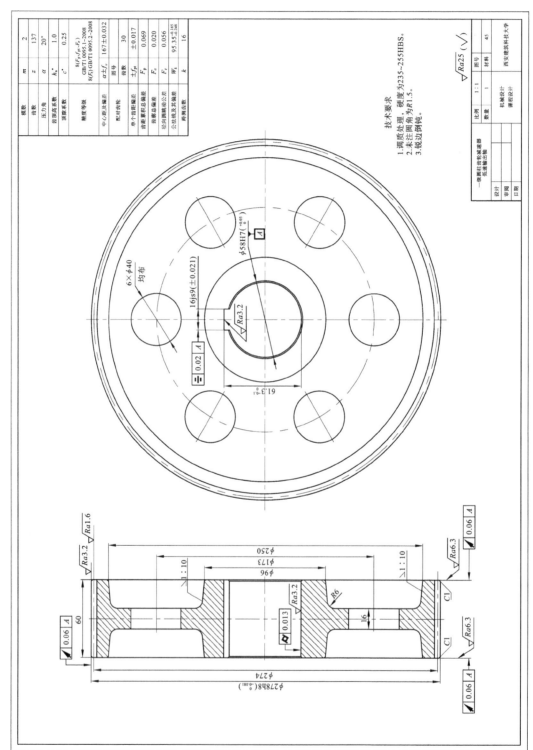

模数	m	2
齿数	z	137
压力角	α	20°
齿顶高系数	h_a^*	1.0
顶隙系数	c^*	0.25
精度等级		8(F_p、f_{pt}、F_β) GB/T1 0095.1—2008 8(F_r) GB/T1 0095.2—2008
中心距及偏差	$a\pm f_a$	167±0.032
配对齿轮	图号	30
	齿数	30
单个齿距偏差	$\pm f_{pt}$	±0.017
齿距累积总偏差	F_p	0.069
齿廓总偏差	F_α	0.020
径向跳动公差	F_r	0.056
公法线及其偏差	W_k	$95.35^{-0.165}_{-0.248}$
跨测齿数	k	16

技术要求

1. 调质处理，硬度为235~255HBS。
2. 未注圆角为R1.5。
3. 锐边倒钝。

比例	1:1		图号	45
数量	1		材料	西安建筑科技大学

一级圆柱齿轮减速器
低速输出轴

机械设计 课程设计		
设计		
审阅		
日期		

$\sqrt{Ra25}$ ($\sqrt{\ }$)

图6-3 直齿圆柱齿轮零件工作图

第7章 说明书编制、设计总结与答辩准备

7.1 编制设计说明书

1. 设计说明书的内容

设计说明书的内容根据课程设计题目而定,主要包括以下内容,并建议按下列顺序编写:

一、目录(标题、页次)

二、设计任务书(设计题目)

三、传动方案的设计(题目分析、传动方案确定)

四、运动学与动力学计算

1. 电动机的选择计算;

2. 各级传动比的分配;

3. 各轴转速、功率及转矩的计算,并列成表格。

五、传动零件的设计与计算(带传动、齿轮传动或链传动的设计计算)

六、轴类零件的设计与计算

1. 轴的结构设计及尺寸确定;

2. 轴的校核设计。

七、键连接的选择与计算

八、滚动轴承的选择与寿命计算

九、联轴器的选择

十、润滑与密封

1. 润滑与密封方式的选择,润滑油牌号的确定;

2. 润滑油容量的计算。

十一、减速器箱体结构的设计

1. 主要结构尺寸的设计计算或说明;

2. 箱体结构尺寸表。

十二、减速器附件的选择与说明

十三、设计小结(简要说明设计的体会、分析设计的优缺点及改进的意见等)

十四、参考文献(文献的编号、文献名称、文献作者、出版单位、出版日期)

7.2 设计说明书的格式

设计说明书是阐明设计者思想、设计计算方法与计算数据的说明资料,是审查设计合理性的重要技术依据。为此,对设计说明书的要求如下:

(1)系统地说明设计过程中所考虑的问题及全部计算项目。阐明设计的合理性、经济性,以及装拆、润滑密封等方面的有关问题。

（2）计算要正确完整，文字要简洁通顺，书写要整齐清晰。计算部分要列出公式、代入数据、得出结果。说明书中所引用的重要计算公式、数据，应注明来源（注出参考资料的统一编号、页次、公式号或表号等）。对所得结果，应有一个简要的结论。

（3）说明书应包括与计算有关的必要简图（如轴的结构尺寸图，轴的受力分析、弯扭图，齿轮结构图等）。

（4）说明书须用 16 开的设计专用纸，按统一格式书写。说明书"计算项目"栏列写计算内容的标题；"计算过程及说明"栏是说明书的主要部分，详写列写过程；将计算的主要结果列到"计算结果"栏中。每一单元内容都应有标题，并突出显示。

（5）全部计算中所使用单位要统一，符号要一致。

（6）待完成全部编写后，标出页次，编好目录。

在前述章节的示例中计算过程均按照说明书书写格式书写，供参考。

第8章 设计总结与答辩准备

8.1 设计总结

设计总结是对整个课程设计过程的系统总结。在完成设计说明书的编写和全部图样的绘制之后,对设计过程进行逐项分析与检查,剖析不合理的设计和出现的错误,并尽可能提出改进的方法与措施,提高设计能力。

设计总结需完成以下几方面的工作:

(1) 根据设计任务书的具体要求,分析设计方案的可行性、设计计算的准确性、零件结构设计的正确性、图样绘制的规范性。

(2) 分析自己所完成的主要工作,评价自己的设计结果是否满足任务书的要求。

(3) 说明自己在课程设计过程中有创新的内容。

(4) 提出设计中的不足或错误之处,提出改进的方法与措施。

(5) 总结自己在课程设计过程中掌握和学到了哪些设计方法,在设计能力方面是否得到了提高。

8.2 准备答辩

答辩是课程设计最后一个重要环节。通过答辩的准备和答辩,学生可以系统地分析所做设计的优缺点,发现问题,总结初步掌握的设计方法和步骤,提高独立工作的能力。答辩也可以使教师更全面、深层次地检查学生掌握设计知识的情况,了解学生的设计成果,同时答辩也是评定设计成绩的重要依据。

完成设计后,学生应主要围绕下列问题准备答辩:

(1) 机械设计的要求、方法和步骤;

(2) 传动方案的确定;

(3) 电动机的选择、传动比的分配;

(4) 各零件的构造和用途,主要结构形状几何尺寸的确定;

(5) 各零件的受力分析;

(6) 材料选择和承载能力的计算;

(7) 加工工艺性和经济性;

(8) 各零、部件间的相互关系;

(9) 资料、手册、标准和规范的应用;

(10) 选择尺寸公差、配合、粗糙度和技术要求;

(11) 减速器各零件的装配、调整、维护和润滑的方法等。

通过系统、全面的总结和回顾,把还不懂、不大清楚、未考虑或考虑不周的问题进一步弄懂、弄清楚,以取得更大的收获,更好地达到课程设计提出的目的和要求。

下面列出一些答辩思考题,供准备答辩时参考:

(1) 叙述对传动方案的分析理解。

(2) 简述电动机的功率是怎样确定的。

(3) 选择电动机的同步转速时应考虑哪些因素? 同步转速与满载转速有什么不同? 设计计算时用哪个转速?

(4) 在分配传动比时考虑了哪些因素? 在带传动-单级齿轮传动系统中,为什么 $i_齿 > i_带$?

(5) 带传动设计计算中,怎样合理确定小带轮直径? 若带速 $v < 5$ m/s 怎么办? 若小带轮包角 $\alpha_1 < 120°$怎么办?

(6) 简述齿轮传动的设计方法和步骤。

(7) 对于开式齿轮传动和闭式齿轮传动机构设计,其 z_1 的选择有什么不同? 为什么?

(8) 一对啮合的齿轮,大、小齿轮为什么常用不同的材料和热处理方法?

(9) 由公式 $b = \psi_d d$ 求出的 b 值应为哪个齿轮的宽度? b_1 与 b_2 哪个数值大些? 为什么?

(10) 软齿面齿轮传动和硬齿面齿轮传动各有什么特点?

(11) 初步估算出的轴径应根据什么圆整?

(12) 分析主动轴和从动轴的受力简图。

(13) 轮毂宽度与轴头长度是否相同?

(14) 外伸轴与轴承端盖之间是否应该有间隙?

(15) 在滚动轴承组合设计中,你采用了哪些固定方式? 为什么?

(16) 如何选择联轴器?

(17) 怎样选择轴承的润滑方式? 如何从结构上保证脂润滑和油润滑供应充分?

(18) 箱座剖分面上的油沟怎样正确开设? 你设计的油沟是怎样加工的?

(19) 怎样确定轴承座的宽度?

(20) 设计的减速器选用何种润滑剂? 是什么牌号?

(21) 怎样确定减速器的中心高? 箱体中的油量是怎样确定的?

(22) 结合装配图,说明轴的各段直径与长度是怎样确定的,说明轴上零件的装拆顺序。

(23) 挡油板和挡油盘的作用各是什么? 分别在什么情况下使用?

(24) 外伸轴与轴承端盖、箱盖与箱座结合面各采用什么方法密封? 为什么?

(25) 同一轴心线的两个轴承座孔径为什么要尽量一致?

(26) 箱体同侧轴承座端面为什么要尽量位于同一平面上?

(27) 定位销与箱体的加工装配有什么关系? 如何布置定位销?

(28) 轴承座旁连接螺栓为什么要尽量靠近?

(29) 螺纹连接处的凸台或沉孔有什么用途?

(30) 普通螺栓连接和铰制孔螺栓连接各有什么不同?

(31) 外肋的作用是什么?

(32) 减速器中各附件的作用是什么?

(33) 如何确定放油螺塞的位置? 它为什么用细牙螺纹?

(34) 轴承内孔、外圈采用配合制是什么? 为什么?

(35) 轴系各零件(包括轴承)如何定位和固定?

(36) 箱体结合面轴承座宽度的确定与哪些因素有关? 如何确定?

(37) 设计中为什么要严格执行国家标准、行业标准?

（38）装配图上应标注哪些尺寸？各主要零件间的配合如何选择？

（39）试述在轴的零件工作图中标注尺寸时应注意的问题。

（40）在轴的零件工作图中,对轴的几何公差有哪些基本要求？

（41）试述在齿轮的零件工作图中应标注哪些尺寸公差。

（42）在圆柱齿轮的零件工作图中,对齿轮的几何公差有哪些基本要求？

答辩后把设计说明书、折叠好的装配草图、装配图、零件图等装入资料袋内。

第9章 相关标准与规范

9.1 电动机技术参数与相关尺寸

9.1.1 Y系列(IP44)三相异步电动机的技术参数

表 9-1 Y系列(IP44)三相异步电动机的技术参数(摘自 JB/T 10391—2008)

型号	额定功率/kW	满载时				堵转转矩/额定转矩	堵转电流/额定电流	最大转矩/额定转矩	型号	额定功率/kW	满载时				堵转转矩/额定转矩	堵转电流/额定电流	最大转矩/额定转矩
		额定电流/A	转速/(r·min⁻¹)	效率/%	功率因数cosφ						额定电流(r·/A min⁻¹)	转速/(r·min⁻¹)	效率/%	功率因数cosφ			
同步转速 3000 r/min									同步转速 1500 r/min								
Y801-2	0.75	1.8	2830	75.0	0.84	2.2	6.1	2.3	Y200L-4	30	56.8	1470	91.4	0.87	2.0	7.2	2.2
Y802-2	1.1	2.5	2830	76.2	0.86	2.2	7.0	2.3	Y225S-4	37	70.4	1480	92.0	0.87	1.9	7.2	2.2
Y90S-2	1.5	3.4	2840	78.5	0.85	2.2	7.0	2.3	Y225M-4	45	84.2	1480	92.5	0.88	1.9	7.2	2.2
Y90L-2	2.2	4.8	2840	81.0	0.86	2.2	7.0	2.3	Y250M-4	55	103	1480	93.0	0.88	2.0	7.2	2.2
Y100L-2	3	6.4	2880	82.6	0.87	2.2	7.5	2.3	同步转速 1000 r/min								
Y112M-2	4	8.2	2890	84.2	0.87	2.2	7.5	2.3	Y132S-6	3	7.2	960	81.0	0.76	2.0	6.5	2.2
Y132S1-2	5.5	11.1	2900	85.7	0.88	2.0	7.5	2.3	Y132M1-6	4	9.4	960	82.0	0.77	2.0	6.5	2.2
Y132S2-2	7.5	15.0	2900	87.0	0.88	2.0	7.5	2.3	Y132M2-6	5.5	12.6	960	84.0	0.78	2.0	6.5	2.2
Y160M1-2	11	21.8	2930	88.4	0.88	2.0	7.5	2.3	Y160M-6	7.5	17	970	86.0	0.78	2.0	6.5	2.0
Y160M2-2	15	29.4	2930	89.4	0.88	2.0	7.5	2.3	Y160L-6	11	24.6	970	87.5	0.78	2.0	6.5	2.0
Y160L-2	18.5	35.5	2930	90.0	0.89	2.0	7.5	2.2	Y180L-6	15	31.4	970	89.0	0.81	2.0	7.0	2.0
Y180M-2	22	42.2	2940	90.5	0.89	2.0	7.5	2.2	Y200L1-6	18.5	37.2	970	90.0	0.83	2.0	7.0	2.0
Y200L1-2	30	56.9	2950	91.4	0.89	2.0	7.5	2.2	Y200L2-6	22	44.6	970	90.0	0.83	2.0	7.0	2.0
Y200L2-2	37	69.8	2950	92.0	0.89	2.0	7.5	2.2	Y225M-6	30	59.5	980	91.5	0.85	1.7	7.0	2.0
Y225M-2	45	84.0	2970	92.5	0.89	2.0	7.5	2.2	Y250M-6	37	72	980	92.0	0.86	1.7	7.0	2.0
Y250M-2	55	103	2970	93.0	0.89	2.0	7.5	2.2	Y280S-6	45	85.4	980	92.5	0.87	1.8	7.0	2.0
同步转速 1500 r/min									Y280M-6	55	104	980	92.8	0.87	1.8	7.0	2.0
Y801-4	0.55	1.5	1390	71.0	0.76	2.4	5.2	2.3	同步转速 750 r/min								
Y802-4	0.75	2	1390	73.0	0.76	2.3	6.0	2.3	Y132S-8	2.2	5.8	710	80.5	0.71	2.0	6.0	2.0
Y90S-4	1.1	2.7	1400	76.2	0.78	2.3	6.0	2.3	Y132M-8	3	7.7	710	82.0	0.72	2.0	6.0	2.0
Y90L-4	1.5	3.7	1400	78.5	0.79	2.3	6.0	2.3	Y160M1-8	4	9.9	720	84.0	0.73	2.0	6.0	2.0
Y100L1-4	2.2	5	1430	81.0	0.82	2.2	7.0	2.3	Y160M2-8	5.5	13.3	720	85.0	0.74	2.0	6.0	2.0
Y100L2-4	3	6.8	1430	82.6	0.81	2.2	7.0	2.3	Y160L-8	7.5	17.7	720	86.0	0.75	2.0	6.6	2.0
Y112M-4	4	8.8	1440	84.2	0.82	2.2	7.0	2.3	Y180L-8	11	24.8	730	87.5	0.77	1.7	6.6	2.0
Y132S-4	5.5	11.6	1440	85.7	0.84	2.2	7.0	2.3	Y200L-8	15	34.1	730	88.0	0.76	1.8	6.6	2.0
Y132M-4	7.5	15.4	1440	87.0	0.85	2.2	7.0	2.3	Y225S-8	18.5	41.3	730	89.5	0.76	1.7	6.6	2.0
Y160M-4	11	22.6	1460	88.4	0.84	2.2	7.0	2.3	Y225M-8	22	47.6	730	90.0	0.78	1.8	6.6	2.0
Y160L-4	15	30.3	1460	89.4	0.85	2.2	7.5	2.3	Y250M-8	30	63	730	90.5	0.80	1.8	6.6	2.0
Y180M-4	18.5	35.9	1470	90.0	0.86	2.0	7.5	2.2	Y280S-8	37	78.2	740	91.0	0.79	1.8	6.6	2.0
Y180L-4	22	42.5	1470	90.5	0.86	2.0	7.5	2.2	Y280M-8	45	93.2	740	91.7	0.80	1.8	6.6	2.0
									Y315S-8	55	114	740	92.0	0.80	1.6	6.6	2.0

9.1.2　Y系列电动机的安装与外形尺寸

表 9-2　机座带地脚、端盖上无凸缘的安装及外形尺寸(摘自 JB/T 10391—2008)

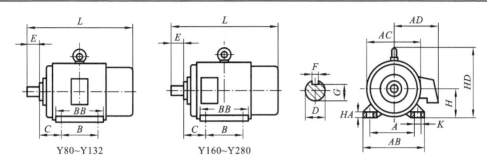

Y80~Y132　　　　Y160~Y280

机座号	极数	安装尺寸/mm A	B	C	D	E	F	G	H	K	外形尺寸/mm AB	AC	AD	HD	L	BB	HA
80M	2、4	125	100	50	19	40	6	15.5	80	10	165	175	150	175	290	135	13
90S	2、4、6	140	100	56	24	50	8	20	90	10	180	195	160	195	315	135	13
90L	2、4、6	140	125	56	24	50	8	20	90	10	180	195	160	195	340	160	13
100L	2、4、6	160	140	63	28	60	8	24	100	12	205	215	180	245	380	180	15
112M	2、4、6	190	140	70	28	60	8	24	112	12	245	240	190	265	400	185	18
132S	2、4、6	216	140	89	38	80	10	33	132	12	280	275	210	315	475	205	20
132M	2、4、6	216	178	89	38	80	10	33	132	12	280	275	210	315	515	243	20
160M	2、4、6、8	254	210	108	42	110	12	37	160	14.5	330	335	265	385	605	275	22
160L	2、4、6、8	254	254	108	42	110	12	37	160	14.5	330	335	265	385	650	320	22
180M	2、4、6、8	279	241	121	48	110	14	42.5	180	14.5	355	380	285	430	670	315	24
180L	2、4、6、8	279	279	121	48	110	14	42.5	180	14.5	355	380	285	430	710	353	24
200L	2、4、6、8	318	305	133	55	110	16	49	200	14.5	395	420	315	475	775	380	27
225S	4、8	356	286	149	60	140	18	53	225	18.5	435	475	345	530	820	375	30
225M	2	356	311	149	55	110	16	49	225	18.5	435	475	345	530	815	400	30
225M	4、6、8	356	311	149	60	140	16	53	225	18.5	435	475	345	530	845	400	30
250M	2	406	349	168	60	140	18	53	250	18.5	490	515	385	575	930	460	32
250M	4、6、8	406	349	168	65	140	18	58	250	18.5	490	515	385	575	930	460	32
280S	2	457	368	190	65	140	18	58	280	24	550	580	410	640	1000	525	38
280S	4、6、8	457	368	190	75	140	20	67.5	280	24	550	580	410	640	1000	525	38
280M	2	457	419	190	65	140	18	58	280	24	550	580	410	640	1050	576	38
280M	4、6、8	457	419	190	75	140	20	67.5	280	24	550	580	410	640	1050	576	38

注：$G=D-GE$，GE 的极限偏差对机座号 80 为 $^{+0.10}_{0}$，其余为 $^{+0.20}_{0}$。

　　K 孔的位置度公差以轴伸的轴线为基准。

9.2　制图规范

9.2.1　图纸幅面

表 9-3　图纸幅面尺寸（摘自 GB/T 14689—2008）　　　　（单位：mm）

基本幅面（第一选择）		加长幅面（第二选择）		加长幅面（第三选择）	
A0	841×1189	A3×3	420×891	A0×2	1189×1682
A1	594×841	A3×4	420×1189	A1×3	841×1783
A2	420×594	A4×3	297×630	A2×3	594×1261
A3	297×420	A4×4	297×841	A2×4	594×1682
A4	210×297	A4×5	297×1051	A3×5	420×1486
				A3×6	420×1783
				A4×6	297×1261
				A4×7	297×1471

注　加长幅面（第三选择）摘取了 GB/T 14689—2008 中部分尺寸。

表 9-4　图纸边框格式及尺寸（摘自 GB/T 14689—2008）　　　　（单位：mm）

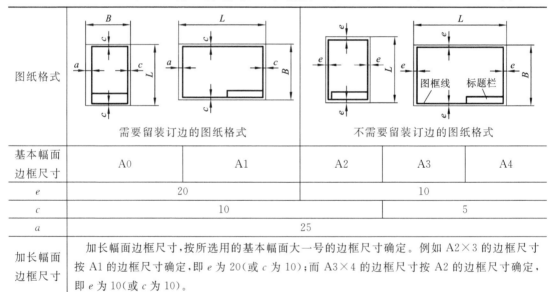

基本幅面边框尺寸	A0	A1	A2	A3	A4
e	20		10		
c	10			5	
a	25				
加长幅面边框尺寸	加长幅面边框尺寸，按所选用的基本幅面大一号的边框尺寸确定。例如 A2×3 的边框尺寸按 A1 的边框尺寸确定，即 e 为 20（或 c 为 10）；而 A3×4 的边框尺寸按 A2 的边框尺寸确定，即 e 为 10（或 c 为 10）。				

9.2.2　图样比例

表 9-5　比例系列（摘自 GB/T 14690—1993）

优先选用比例	原值比例	1：1
	放大比例	5：1　2：1　$5×10^n$：1　$2×10^n$：1　$1×10^n$：1
	缩小比例	1：2　1：5　1：10　1：$2×10^n$　1：$5×10^n$　1：$1×10^n$
允许采用比例	放大比例	4：1　2.5：1　$4×10^n$：1　$2.5×10^n$：1
	缩小比例	1：1.5　1：2.5　1：3　1：4　1：6 1：$1.5×10^n$　1：$2.5×10^n$　1：$3×10^n$　1：$4×10^n$　1：$6×10^n$

注　n 为整数。

9.2.3 标题栏(摘自 GB/T 10609.1—2008)

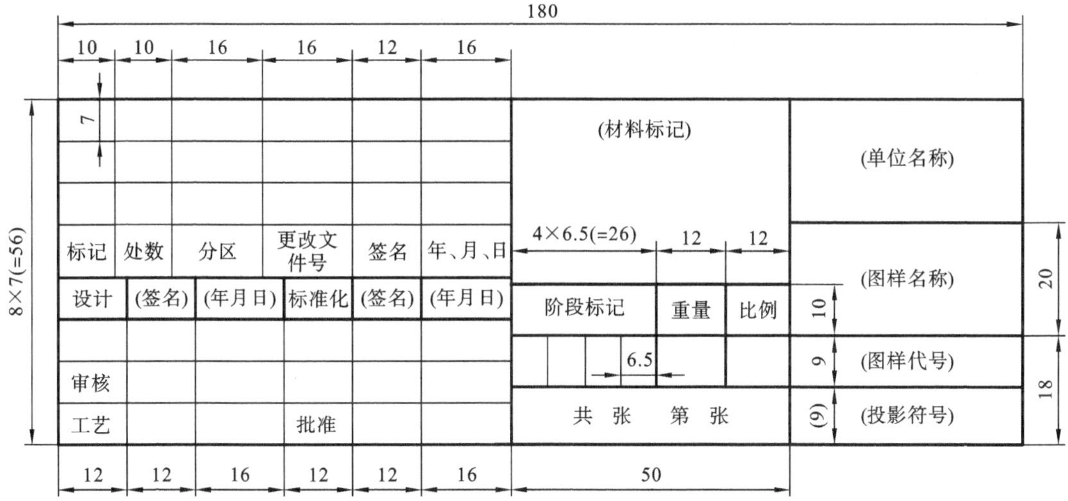

						(材料标记)			(单位名称)		
标记	处数	分区	更改文件号	签名	年、月、日	4×6.5(=26)	12	12	(图样名称)		
设计	(签名)	(年月日)	标准化	(签名)	(年月日)	阶段标记	重量	比例			
审核						6.5			(图样代号)		
工艺			批准			共 张 第 张			(投影符号)		

图 9-1 标题栏格式及尺寸(单位:mm)

9.2.4 明细表(摘自 GB/T 10609.2—2009)

序号	代号	名称	数量	材料	单件	总计	备注
					重量		
(标题栏)							

图 9-2 明细表格式(单位:mm)

9.2.5 零件倒圆与倒角

表 9-6 零件倒圆与倒角(摘自 GB/T 6403.4—2008)

倒 圆 形 式 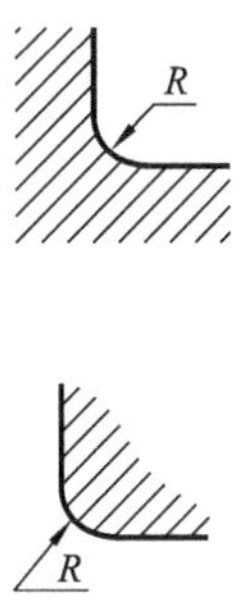	倒 角 形 式 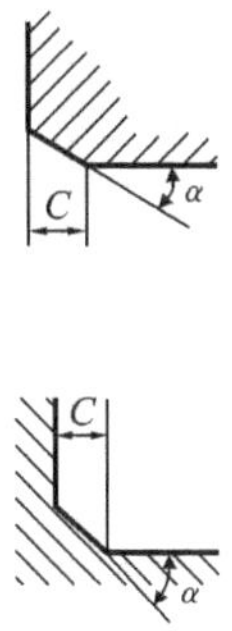	倒圆、倒角(45°)的四种装配形式 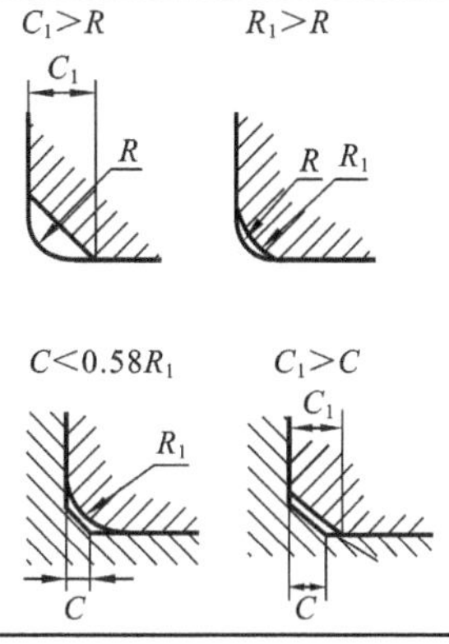

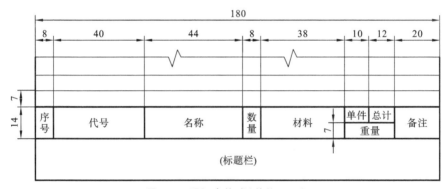

表 9-7　　倒圆、倒角尺寸系列值

R 或 C/mm	0.1	0.2	0.3	0.4	0.5	0.6	0.8	1.0	1.2	1.6	2.0	2.5	3.0
	4.0	5.0	6.0	8.0	10	12	16	20	25	32	40	50	—

表 9-8　　与直径 ϕ 相应的倒角尺寸 C、倒圆尺寸 R 的推荐值

ϕ/mm	~3	>3 ~6	>6 ~10	>10 ~18	>18 ~30	>30 ~50	>50 ~80	>80 ~120	>120 ~180	>180 ~250	>250 ~320	>320 ~400	>400 ~500	>500 ~630	>630 ~800	>800 ~1 000
C 或 R /mm	0.2	0.4	0.6	0.8	1.0	1.6	2.0	2.5	3.0	4.0	5.0	6.0	8.0	10	12	16

表 9-9　　内角倒角、外角倒圆时 C_{max} 与 R_1 的关系

R_1/mm	0.1	0.2	0.3	0.4	0.5	0.6	0.8	1.0	1.2	1.6	2.0	2.5	3.0	4.0	5.0	6.0	8.0	10	12	16	20	25
C_{max}/mm ($C<0.58R_1$)	—	0.1		0.2		0.3	0.4	0.5	0.6	0.8	1.0	1.2	1.6	2.0	2.5	3.0	4.0	5.0	6.0	8.0	10	12

注　α 一般采用 45°,也可采用 30° 或 60°。

9.2.6　回转面及端面砂轮越程槽

表 9-10　　回转面及端面砂轮越程槽(摘自 GB/T 6403.5—2008)

回转面及端面砂轮越程槽的形式

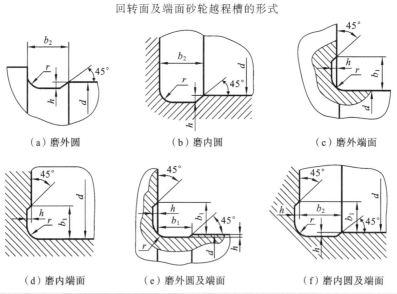

（a）磨外圆　　　　　　（b）磨内圆　　　　　　（c）磨外端面

（d）磨内端面　　　（e）磨外圆及端面　　　（f）磨内圆及端面

回转面及端面砂轮越程槽的尺寸								(单位:mm)
b_1	0.6	1.0	1.6	2.0	3.0	4.0	5.0	8.0	10
b_2	2.0	3.0		4.0		5.0		8.0	10
h	0.1	0.2		0.3	0.4		0.6	0.8	1.2
r	0.2	0.5		0.8	1.0		1.6	2.0	3.0
d	~10			10~50		50~100		100	

注　(1) 越程槽内与直线相交处不允许产生尖角。

　　(2) 越程槽深度 h 与圆弧半径 r 要满足 $r \leqslant 3h$。

9.3　联轴器相关规范

9.3.1　联轴器轴孔及连接形式与尺寸

表 9-11　联轴器轴孔及连接形式(摘自 GB/T 3852—2008)

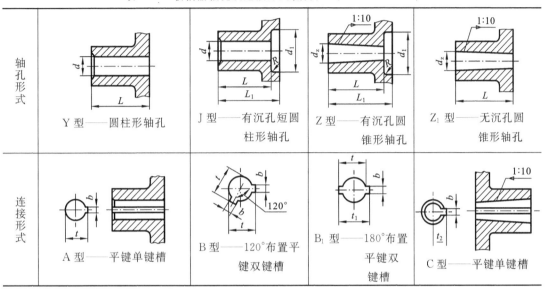

注　(1) Y 型轴孔限用于圆柱形轴伸电机端。

　　(2) J 型轴孔为推荐选用轴孔。

表 9-12　联轴器轴孔及键槽尺寸(摘自 GB/T 3852—2008)　　　　（单位:mm）

轴孔直径	长　度			沉孔			A 型、B 型、B₁ 型键槽					C 型键槽			
	L		L_1	d_1	R	b	t		t_1		B 型键槽位置度公差	b	t_2		
d、d_z	Y 型	J、Z、Z₁ 系列					公称尺寸	极限偏差	公称尺寸	极限偏差			Y 型	J、Z、Z₁ 系列	极限偏差
10	25	25				3	11.4		12.8		—	—	—		—
11	(17)	(—)				4	12.8		14.6			2	6.1		
12	32	27					13.8		15.6				6.5		
14	(20)	(—)				5	16.3	+0.10	18.6	+0.20		3	7.9		
16	42	30	42	38			18.3		20.6		0.03		8.7	9.0	
18	(30)	(18)				6	20.8		23.6			4	10.1	10.4	+0.10
19							21.8		24.6				10.6	10.9	
20	52	38	52		1.5		22.8		25.6				10.9	11.2	
22	(38)	(24)					24.8		27.6				11.9	12.2	
24							27.3		30.6				13.4	13.7	
25	62	44	46	48		8	28.3	+0.40	31.6		0.04	5	13.7	14.2	
28	(44)	(26)					31.3		34.6				15.2	15.7	

续表

轴孔直径	长　　度			沉孔		A型、B型、B₁型键槽						C型键槽			
	L					t		t₁		B型键槽位置度公差		t₂			
d、dz	Y型	J、Z、Z₁系列	L₁	d₁	R	b	公称尺寸	极限偏差	公称尺寸	极限偏差		b	Y型	J、Z、Z₁系列	极限偏差
30					1.5	8	33.3		36.6			5	15.8	16.4	
32	82	60		55			35.3		38.6			6	17.3	17.9	+0.10
35	(60)	(38)	82			10	38.3		41.6		0.04		18.8	19.4	
38							41.3		44.6				20.3	20.9	
40				65	2.0	12	43.3	+0.20	46.6			10	21.2	21.9	
42	112	84					45.3		48.6				22.2	22.9	
45	(84)	(56)	112	80		14	48.8		52.6		0.05	12	23.7	24.4	
48							51.8		55.6				25.2	25.9	
50							53.8		57.6				26.2	26.9	
55				95		16	59.3		63.6			14	29.2	29.9	
56							60.3		64.6				29.7	30.4	
60				105		18	64.4		68.8			16	31.7	32.5	
63	142	107					67.4		71.8		0.05		32.2	34.0	
65	(107)	(72)	142				69.4		73.8				34.2	35.0	
70				120	2.5	20	74.9		79.8			18	36.8	37.6	
71							75.9		80.8				37.3	38.1	
75							79.9		84.8				39.3	40.1	
80				140		22	85.4	+0.20	90.8	+0.40		20	41.6	42.6	
85	172	132					90.4		95.8		0.06		44.1	45.1	
90	(132)	(92)	172	160		25	95.4		100.8			22	47.1	48.1	+0.20
95					3.0		100.4		105.8				49.6	50.6	
100				180		28	106.4		112.8			25	51.3	52.4	
110	212	167					116.4		122.8				56.3	57.4	
120	(167)	(122)	212	210			127.4		134.8			28	62.3	63.4	
125						32	132.4		139.8				64.8	65.9	
130				235	4.0		137.4		144.8				66.4	67.6	
140	252	202	252			36	148.4	+0.30	156.8	+0.60	0.08	32	72.4	73.6	
150	(202)	(152)		265			158.4		166.8				77.4	78.6	

注　(1) 表中尺寸带（）者应用于圆锥形轴孔。

(2) 圆柱形轴孔的直径 d 极限偏差为 H7。

(3) 圆锥形轴孔的直径 dz 极限偏差为 H10。

(4) 键槽宽度 b 的极限偏差为 P9，也可采用 GB/T 1095 中规定的 JS 9。

9.3.2 弹性柱销联轴器结构与尺寸

表 9-13 LX 型弹性柱销联轴器(摘自 GB/T 5014—2003)

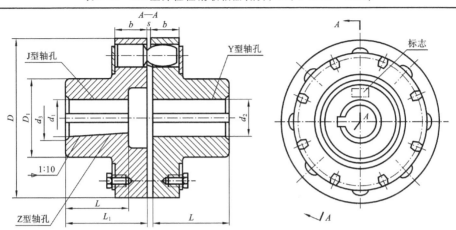

标记示例 LX3 弹性柱销联轴器 主动端:Z 型轴孔,C 型键槽 $d_2 = 30$ mm,$L_1 = 60$ mm
从动端:J 型轴孔,B 型键槽 $d_3 = 40$ mm,$L_1 = 84$ mm

标记为:LX3 联轴器$\dfrac{ZC30 \times 60}{JB40 \times 84}$ GB/T 5014—2003

型号	公称转矩 T_n/(N・m)	许用转速 $[n]$/(r/min)	轴孔直径 d_1, d_2, d_3	轴孔长度			D	D_1	b	s	转动惯量 I/(kg・m²)	质量 m/kg
				Y 型	J、Z 型							
				L	L	L_1						
LX1	250	8 500	12,14	32	27		90	40	20	2.5	0.002	2
			16,18,19	42	30	42						
			20,22,24	52	38	52						
LX2	560	6 300	20,22,24				120	55	28		0.009	5
			25,28	62	44	62						
			30,32,35	82	60	82						
LX3	1 250	4 750	30,32,35,38				160	75	36		0.026	8
			40,42,45,48	112	84	112						
LX4	2 500	3 870	40,42,45,48,50,55,56				195	100	45	3	0.109	22
			60,63	142	107	142						
LX5	3 150	3 450	50,55,56	112	84	112	220	120	45		0.191	30
			60,63,65,70,71,75	142	107	142						
LX6	6 300	2 720	60,63,65,70,71,75				280	140	56		0.543	53
			80,85	172	132	172						
LX7	11 200	2 360	70,71,75	142	107	142	320	170	56	4	1.314	98
			80,85,90,95	172	132	172						
			100,110	212	167	212						
LX8	16 000	2 120	80,85,90,95	172	132	172	360	200	56	5	2.023	119
			100,110,120,125	212	167	212						

注 质量、转动惯量的值是按 J/Y 轴孔组合形式和最小轴孔直径计算的近似值。

9.3.3　弹性套柱销联轴器结构与尺寸

表 9-14　LT 型弹性套柱销联轴器(摘自 GB/T 4323—2002)

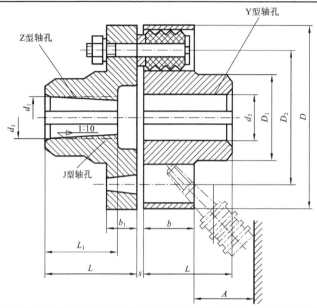

标记示例

LT3 弹性套柱销联轴器

主动端:Z 型轴孔,C 型键槽

$d_2 = 16$ mm,$L_1 = 30$ mm

从动端:J 型轴孔,B 型键槽

$d_3 = 18$ mm,$L_1 = 30$ mm

标记为:

LT3 联轴器 $\dfrac{ZC16 \times 30}{JB18 \times 30}$

GB/T 4323—2002

型号	公称转矩 T_n/(N·m)	许用转速 $[n]$/(r/min)	轴孔直径 d_1,d_2,d_3	轴孔长度				D	b	$A\geqslant$	质量 m/kg	转动惯量 J/(kg·m²)
				Y 型 L	J、Z 型 L_1	L	L_{max}					
LT1	6.3	8 800	9	20	14		25	71		18	0.82	0.000 5
			10,11	25	17				16			
			12,14	32	20							
LT2	16	7 600	12,14	32	20		35	80			1.20	0.000 8
			16,18,19	42	30	42						
LT3	31.5	6 300	16,18,19	42	30	42	38	95		35	2.20	0.002 3
			20,22	52	38	52			23			
LT4	63	5 700	20,22,24	52	38	52	40	106			2.84	0.003 7
			25,28	62	44	62						
LT5	125	4 600	25,28	62	44	62	50	130			6.05	0.012 0
			30,32,35	82	60	82						
LT6	250	3 800	32,35,38	82	60	82	55	160	38	45	9.57	0.028 0
			40,42									
LT7	500	3 600	40,42,45,48	112	84	112	65	190			14.01	0.055 0
LT8	710	3 000	45,48,50,55,56	112	84	112	70	224			23.12	0.134 0
			60,63	142	107	142			48	65		
LT9	1 000	2 850	50,55,56	112	84	112	80	250			30.69	0.213 0
			60,63,65,70,71	142	107	142						
LT10	2 000	2 300	63,65,70,71,75	142	107	142	100	315	58	80	61.40	0.660 0
			80,85,90,95	172	132	172						
LT11	4 000	1 800	80,85,90,95	172	132	172	115	400	73	100	120.7	2.122 0
			100,110	212	167	212						
LT12	8 000	1 450	100,110,120,125	212	167	212	135	475	90	130	210.34	5.390 0
			130	252	202	252						

注　(1) 质量、转动惯量按材料为铸钢、最大轴孔、L_{max} 计算近似值。

　　(2) 尺寸 b 摘自重型机械标准。

9.4　润滑与密封

9.4.1　润滑剂

1. 常用润滑油的主要性能和用途

表 9-15　常用润滑油的主要性能和用途

名　　称	代号	运动黏度 /mm² · s⁻¹(cSt)		凝点/℃ (≤)	闪点/℃ (≥)	主 要 用 途
		40℃	100℃			
L-AN 全损耗系统用油 (GB/T 443 —1989)	L-AN15	13.5~16.5	—	—5	150	用在小型机床齿轮箱、传动装置轴承、中小型电动机、风动工具等上
	L-AN22	19.8~24.2				主要用在一般机床齿轮变速、中小型机床导轨及 100 kW 以上电动机轴承上
	L-AN32	28.8~35.2				
	L-AN46	41.4~50.6			160	主要用在大型机床、大型刨床上
	L-AN68	61.2~74.8				主要用在低速重载的纺织机械及重型机床、锻压、铸工设备上
	L-AN100	90.0~110			180	
	L-AN150	135~165				
工业闭式齿轮油 (GB/T 5903 —2011)	L-CKC68	61.2~74.8	—	—12	180	适用于煤炭、水泥、冶金工业部门大型封闭式齿轮传动装置的润滑
	L-CKC100	90.0~110			200	
	L-CKC150	135~165				
	L-CKC220	198~242		—9		
	L-CKC320	288~352				
	L-CKC460	414~506				
	L-CKC680	612~748		—5	220	

2. 常用润滑脂的主要性能和用途

表 9-16　常用润滑脂的主要性能和用途

名称与牌号	代号	外观	滴点/℃ 不低于	工作锥入度 /(1/10 mm)	特性及主要用途
钙基润滑脂 (GB/T 491 —2008)	1 号	淡黄色至暗褐色均匀油膏	80	310~340	用于工作温度小于 55℃、轻载并能自动给脂的轴承,以及汽车底盘和气温较低地区的小型机械
	2 号		85	265~295	用于中小型滚动轴承,以及冶金、运输、采矿设备中温度不高于 55℃ 的轻载、高速机械的摩擦部位
	3 号		90	220~250	中型电动机的滚动轴承发电机及其他温度在 60℃ 以下中等载荷中转速的机械摩擦部位
	4 号		95	175~205	汽车、水泵的轴承,重载荷自动机械的轴承,发电机、纺织机及其他工作温度在 60℃ 以下重载、低速的机械
钠基润滑脂 (GB/T 492 —1989)	2 号	—	160	265~295	适用于工作温度在 —10~150℃ 范围内一般中等载荷机械设备的润滑,不适用于与水相接触的润滑部位
	3 号			220~250	

名称与牌号	代号	外观	滴点/℃ 不低于	工作锥入度 /(1/10 mm)	特性及主要用途
钙钠基润滑脂 (SH/T 0368 —1992)	2号	由黄色到深棕色的均匀软膏	120	250～290	适用于铁路机车和列车的滚珠轴承、小电动机和发电机的滚动轴承,以及其他高温轴承等的润滑。上限工作温度为100 ℃,在低温情况下不适用
	3号		135	200～240	
通用锂基润滑脂 (GB/T 7324 —2010)	1号	浅黄至褐色的光滑油膏	170	310～340	适用于工作温度在-20～120℃范围的各种机械设备的滚动轴承和滑动轴承及其他摩擦部位的润滑
	2号		175	265～295	
	3号		180	220～250	
7407号齿轮润滑脂(SH/T 0469—1994)		深棕色光滑均匀油膏	160	70～90	适用于各种低速、中、重载齿轮、链轮和联轴器的润滑。使用稳定度:-10～120℃

9.4.2　密封件

1. 毡圈油封

表 9-17　毡圈油封(摘自 JB/ZQ 4606—1986)　　　　　　　　(单位:mm)

轴径 d	毡　圈				槽				
	D	d_1	B	质量 /kg	D_0	d_0	b	δ_{min}	
								用于钢	用于铸铁
15	29	14	6	0.0010	28	16	5	10	12
20	33	19		0.0012	32	21			
25	39	24	7	0.0018	38	26	6		
30	45	29		0.0023	44	31			
35	49	34		0.0023	48	36			
40	53	39		0.0026	52	41			
45	61	44	8	0.0040	60	46	7	12	15
50	69	49		0.0054	68	51			
55	74	53		0.0060	72	56			
60	80	58		0.0069	78	61			
65	84	63		0.0070	82	66			
70	90	68		0.0079	88	71			
75	94	73		0.0080	92	77			
80	102	78	9	0.011	100	82	8	15	18
85	107	83		0.012	105	87			
90	112	88		0.012	110	92			
95	117	93		0.014	115	97			
100	122	98		0.015	120	102			
105	127	103		0.016	125	107			
110	132	108	10	0.017	130	112			
115	137	113		0.018	135	117			
120	142	118		0.018	140	122			
125	147	123		0.018	145	127			

注　(1) 标准 JB/ZQ 4606—1986 的材料:半粗羊毛毡。
　　(2) 毡圈油封用于线速度小于 5 m/s 的场合。
　　(3) 标注示例:d=50 mm 的毡圈油封标注为
　　　毡圈　50　JB/ZQ 4606—1986

2. J 形无骨架橡胶油封

表 9-18　J 形无骨架橡胶油封(摘自 HG 4—338—1966)　　　　（单位:mm）

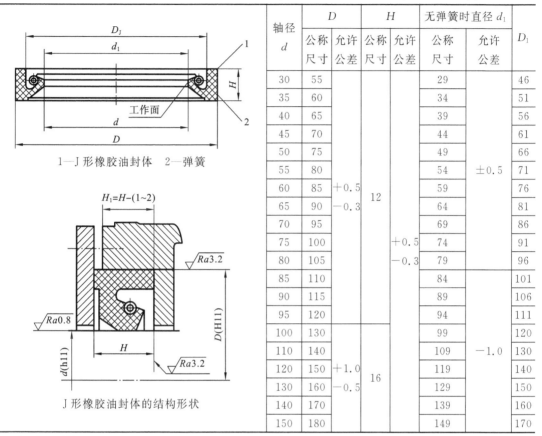

1—J 形橡胶油封体　2—弹簧

$H_1=H-(1\sim2)$

J 形橡胶油封体的结构形状

轴径 d	D		H		无弹簧时直径 d_1		D_1
	公称尺寸	允许公差	公称尺寸	允许公差	公称尺寸	允许公差	
30	55				29		46
35	60				34		51
40	65				39		56
45	70				44		61
50	75				49		66
55	80				54	±0.5	71
60	85	+0.5 −0.3	12		59		76
65	90				64		81
70	95				69		86
75	100		+0.5 −0.3		74		91
80	105				79		96
85	110				84		101
90	115				89		106
95	120				94		111
100	130				99		120
110	140				109	−1.0	130
120	150	+1.0 −0.5	16		119		140
130	160				129		150
140	170				139		160
150	180				149		170

注　标注示例:$d=50$ mm,$D=75$ mm,$H=12$ mm,J 形无骨架橡胶油封标注为

　　J 形油封　50×75×12　HG4—338—1966

9.5　滚　动　轴　承

9.5.1　深沟球轴承结构与相关参数

表 9-19　系数 X,Y 的取值

F_a/C_{0r}	e	Y	径向当量动载荷	径向当量静载荷
0.014	0.19	2.30		
0.028	0.22	1.99	$P_r=XF_r+YF_a$	
0.056	0.26	1.71		$P_{0r}=0.6F_r+0.5F_a$
0.084	0.28	1.55	当 $\dfrac{F_a}{F_r}\leqslant e$ 时,$X=1,Y=0$	
0.11	0.30	1.45		当 $P_{0r}<F_r,P_{0r}=F_r$
0.17	0.34	1.31	当 $\dfrac{F_a}{F_r}>e$ 时,$X=0.56$	
0.28	0.38	1.15		
0.42	0.42	1.04	F_r——径向载荷,N;　F_a——轴向载荷,N	
0.56	0.44	1.00		

表 9-20　深沟球轴承(GB/T 276—2013)

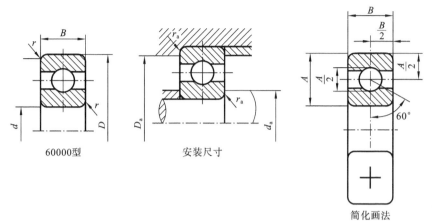

60000型　　　　　安装尺寸　　　　　简化画法

符号含义与应用

r_{min}——r 的单向最小倒角尺寸。

$r_{a\,max}$——r_a 的单向最大倒角尺寸。

主要承受纯径向载荷,也可承受轴向载荷。承受纯径向载荷时,接触角为零。结构简单,使用方便,应用广泛

基本尺寸 /mm			基本额定载荷 /kN		极限转速 /(r·min⁻¹)		质量 /kg	轴承 代号	其他尺寸/mm			安装尺寸/mm		
d	D	B	C_r	C_{0r}	脂	油	$m\approx$	60000 型	$d_2\approx$	$D_2\approx$	r min	d_a min	D_a max	r_a max
10	26	8	4.58	1.98	22000	30000	0.019	6000	14.9	21.3	0.3	12.4	23.6	0.3
	30	9	5.10	2.38	20000	26000	0.032	6200	17.4	23.8	0.6	15.0	26	0.6
	35	11	7.65	3.48	18000	24000	0.053	6300	19.4	27.6	0.6	15.0	30.0	0.6
12	28	8	5.10	2.38	20000	26000	0.022	6001	17.4	23.8	0.3	14.4	25.6	0.3
	32	10	6.82	3.05	19000	24000	0.035	6201	18.3	26.1	0.6	17.0	28	0.6
	37	12	9.72	5.08	17000	22000	0.051	6301	19.3	29.7	1	18.0	32	1
15	32	9	5.58	2.85	19000	24000	0.031	6002	20.4	26.6	0.3	17.4	29.6	0.3
	35	11	7.65	3.72	18000	22000	0.045	6202	21.6	29.4	0.6	20.0	32	0.6
	42	13	11.5	5.42	16000	20000	0.080	6302	24.3	34.7	1	21.0	37	1
17	35	10	6.00	3.25	17000	21000	0.040	6003	22.9	29.1	0.3	19.4	32.6	0.3
	40	12	9.58	4.78	16000	20000	0.064	6203	24.6	33.4	0.6	22.0	36	0.6
	47	14	13.5	6.58	15000	18000	0.109	6303	26.8	38.2	1	23.0	41.0	1
	62	17	22.7	10.8	11000	15000	0.268	6403	31.9	47.1	1.1	24.0	55.0	1.1
20	42	12	9.38	5.02	16000	19000	0.068	6004	26.9	35.1	0.6	25.0	38	0.6
	47	14	12.8	6.65	14000	18000	0.103	6204	29.3	39.7	1	26.0	42	1
	52	15	15.8	7.88	13000	16000	0.142	6304	29.8	42.2	1.1	27.0	45.0	1.1
	72	19	31.0	15.2	9500	13000	0.400	6404	38.0	56.1	1.1	27.0	65.0	1.1
25	47	12	10.0	5.85	13000	17000	0.078	6005	31.9	40.1	0.6	30	43	0.6
	52	15	14.0	7.88	12000	15000	0.127	6205	33.8	44.2	1	31	47	1
	62	17	22.2	11.5	10000	14000	0.219	6305	36.0	51.0	1.1	32	55	1.1
	80	21	38.2	19.2	8500	11000	0.529	6405	42.3	62.7	1.5	34	71	1.5
30	55	13	13.2	8.30	11000	14000	0.113	6006	38.4	47.7	1	36	50.0	1
	62	16	19.5	11.5	9500	13000	0.200	6206	40.8	52.2	1	36	56	1
	72	19	27.0	15.2	9000	11000	0.349	6306	44.8	59.2	1.1	37	65	1.1
	90	23	47.5	24.5	8000	10000	0.710	6406	48.6	71.4	1.5	39	81	1.5

续表

基本尺寸/mm			基本额定载荷/kN		极限转速/(r·min⁻¹)		质量/kg	轴承代号	其他尺寸/mm			安装尺寸/mm		
d	D	B	C_r	C_{0r}	脂	油	$m\approx$	60000 型	$d_2\approx$	$D_2\approx$	r min	d_a min	D_a max	r_a max
35	62	14	16.2	10.5	9500	12000	0.148	6007	43.3	53.7	1	41	56	1
	72	17	25.5	15.2	8500	11000	0.288	6207	46.8	60.2	1.1	42	65	1.1
	80	21	33.4	19.2	8000	9500	0.455	6307	50.4	66.6	1.5	44	71	1.5
	100	25	56.8	29.5	6700	8500	0.926	6407	54.9	80.1	1.5	44	91	1.5
40	68	15	17.0	11.8	9000	11000	0.185	6008	48.8	59.2	1	46	62	1
	80	18	29.5	18.0	8000	10000	0.368	6208	52.8	67.2	1.1	47	73	1.1
	90	23	40.8	24.0	7000	8500	0.639	6308	56.5	74.6	1.5	49	81	1.5
	110	27	65.5	37.5	6300	8000	1.221	6408	63.9	89.1	2	50	100	2
45	75	16	21.0	14.8	8000	10000	0.230	6009	54.2	65.9	1	51	69	1
	85	19	31.5	20.5	7000	9000	0.416	6209	58.8	73.2	1.1	52	78	1.1
	100	25	52.8	31.8	6300	7500	0.837	6309	63.0	84.0	1.5	54	91	1.5
	120	29	77.5	45.5	5600	7000	1.520	6409	70.7	98.3	2	55	110	2
50	80	16	22.0	16.2	7000	9000	0.250	6010	59.2	70.9	1	56	74	1
	90	20	35.0	23.2	6700	8500	0.463	6210	62.4	77.6	1.1	57	83	1.1
	110	27	61.8	38.0	6000	7000	1.082	6310	69.1	91.9	2	60	100	2
	130	31	92.2	55.2	5300	6300	1.855	6410	77.3	107.8	2.1	62	118	2
55	90	18	30.2	21.8	7000	8500	0.362	6011	65.4	79.7	1.1	62	83	1.1
	100	21	43.2	29.2	6000	7500	0.603	6211	68.9	86.1	1.5	64	91	1.5
	120	29	71.5	44.8	5600	6700	1.367	6311	76.1	100.9	2	65	110	2
	140	33	100	62.5	4800	6000	2.316	6411	82.8	115.2	2.1	67	128	2
60	95	18	31.5	24.2	6300	7500	0.385	6012	71.4	85.7	1.1	67	89	1.1
	110	22	47.8	32.8	5600	7000	0.789	6212	76.0	94.1	1.5	69	101	1.5
	130	31	81.8	51.8	5000	6000	1.710	6312	81.7	108.4	2.1	72	118	2
	150	35	109	70.0	4500	5600	2.811	6412	87.9	122.2	2.1	72	138	2
65	100	18	32.0	24.8	6000	7000	0.410	6013	75.3	89.7	1.1	72	93	1.1
	120	23	57.2	40.0	5000	6300	0.990	6213	82.5	102.5	1.5	74	111	1.5
	140	33	93.8	60.5	4500	5300	2.100	6313	88.1	116.9	2.1	77	128	2
	160	37	118	78.5	4300	5300	3.342	6413	94.5	130.6	2.1	77	148	2
70	110	20	38.5	30.5	5600	6700	0.575	6014	82.0	98.0	1.1	77	103	1.1
	125	24	60.8	45.0	4800	6000	1.084	6214	89.0	109.0	1.5	79	116	1.5
	150	35	105	68.0	4300	5000	2.550	6314	94.8	125.3	2.1	82	138	2
	180	42	140	99.5	3800	4500	4.896	6414	105.6	146.4	3	84	166	2.5
75	115	20	40.2	33.2	5300	6300	0.603	6015	88.0	104.0	1.1	82	108	1.1
	130	25	66.0	49.5	4500	5600	1.171	6215	94.0	115.0	1.5	84	121	1.5
	160	37	113	76.8	4000	4800	3.050	6315	101.3	133.7	2.1	87	148	2
	190	45	154	115	3600	4300	5.739	6415	112.1	155.9	3	89	176	2.5

基本尺寸 /mm			基本额定载荷 /kN		极限转速 /(r·min⁻¹)		质量 /kg	轴承代号	其他尺寸/mm			安装尺寸/mm		
d	D	B	C_r	C_{0r}	脂	油	$m\approx$	60000 型	$d_2\approx$	$D_2\approx$	r min	d_a min	D_a max	r_a max
80	125	22	47.5	39.8	5000	6000	0.821	6016	95.2	112.8	1.1	87	118	1.1
	140	26	71.5	54.2	4300	5300	1.448	6216	100.0	122.0	2	90	130	2
	170	39	123	86.5	3800	4500	3.610	6316	107.9	142.2	2.1	92	158	2
	200	48	163	125	3400	4000	6.752	6416	117.1	162.9	3	94	186	2.5
85	130	22	50.8	42.8	4500	5600	0.848	6017	99.4	117.6	1.1	92	123	1.1
	150	28	83.2	63.8	4000	5000	1.803	6217	107.1	130.9	2	95	140	2
	180	41	132	96.5	3600	4300	4.284	6317	114.4	150.6	3	99	166	2.5
	210	52	175	138	3200	3800	7.933	6417	123.5	171.5	4	103	192	3
90	140	24	58.0	49.8	4300	5300	1.10	6018	107.2	126.8	1.5	99	131	1.5
	160	30	95.8	71.5	3800	4800	2.17	6218	111.7	138.4	2	100	150	2
	190	43	145	108	3400	4000	4.97	6318	120.8	159.2	3	104	176	2.5
	225	54	192	158	2800	3600	9.56	6418	131.8	183.2	4	108	207	3
95	145	24	57.8	50.0	4000	5000	1.15	6019	110.2	129.8	1.5	104	136	1.5
	170	32	110	82.8	3600	4500	2.62	6219	118.1	146.9	2.1	107	158	2
	200	45	157	122	3200	3800	5.74	6319	127.1	167.9	3	109	186	2.5
100	150	24	64.5	56.2	3800	4800	1.18	6020	114.6	135.4	1.5	109	141	1.5
	180	34	122	92.8	3400	4300	3.19	6220	124.8	155.3	2.1	112	168	2
	215	47	173	140	2800	3600	7.09	6320	135.6	179.4	3	114	201	2.5
	250	58	223	195	2400	3200	12.9	6420	146.4	203.6	4	118	232	3
105	160	26	71.8	63.2	3600	4500	1.52	6021	121.5	143.6	2	115	150	2
	190	36	133	105	3200	4000	3.78	6221	131.3	163.7	2.1	117	178	2
	225	49	184	153	2600	3200	8.05	6321	142.1	187.9	3	119	211	2.5
110	170	28	81.8	72.8	3400	4300	1.89	6022	129.1	152.9	2	120	160	2
	200	38	144	117	3000	3800	4.42	6222	138.9	173.2	2.1	122	188	2
	240	50	205	178	2400	3000	9.53	6322	150.2	199.8	3	124	226	2.5
	280	65	225	238	2000	2800	18.34	6422	163.6	226.5	4	128	262	3
120	180	28	87.5	79.2	3000	3800	1.99	6024	137.7	162.4	2	130	170	2
	215	40	155	131	2600	3400	5.30	6224	149.4	185.6	2.1	132	203	2
	260	55	228	208	2200	2800	12.2	6324	163.3	216.7	3	134	246	2.5
130	200	33	105	96.8	2800	3600	3.08	6026	151.4	178.7	2	140	190	2
	230	40	165	148.0	2400	3200	6.12	6226	162.9	199.1	3	144	216	2.5
	280	58	253	242	2000	2600	14.77	6326	176.2	233.8	4	148	262	3

续表

基本尺寸 /mm			基本额定载荷 /kN		极限转速 /(r·min⁻¹)		质量 /kg	轴承代号	其他尺寸/mm		安装尺寸/mm		
d	D	B	C_r	C_{0r}	脂	油	$m\approx$	60000 型	$d_2\approx$	$D_2\approx$	r min	d_a min	D_a max	r_a max
140	210	33	116	108	2400	3200	3.17	6028	160.6	189.5	2	150	200	2
	250	42	179	167	2000	2800	7.77	6228	175.8	214.2	3	154	236	2.5
	300	62	275	272	1900	2400	18.33	6328	189.5	250.5	4	158	282	3
150	225	35	132	125	2200	3000	3.903	6030	172.0	203.0	2.1	162	213	2
	270	45	203	199	1900	2600	9.78	6230	189.0	231.0	3	164	256	2.5
	320	65	288	295	1700	2200	21.87	6330	203.6	266.5	4	168	302	3

注　（1）表中 C_r 值适用于轴承为真空脱气轴承钢材料。

　　（2）标注示例：滚动轴承 6012 GB/T 276—2013。

9.5.2　角接触球轴承结构与相关参数

表 9-21　角接触球轴承(GB/T 292—2007)

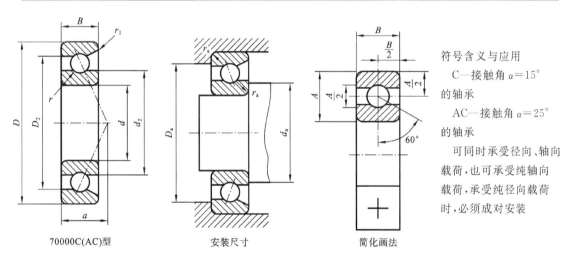

70000C(AC)型　　　　　　安装尺寸　　　　　　简化画法

符号含义与应用

C—接触角 $\alpha=15°$ 的轴承

AC—接触角 $\alpha=25°$ 的轴承

可同时承受径向、轴向载荷，也可承受纯轴向载荷，承受纯径向载荷时，必须成对安装

负荷类型 接触角	径向当量动负荷	径向当量静负荷	F_r/C_{0r}	e	Y
70000C 型 $\alpha=15°$	当 $F_a/F_r\leqslant e$ 时，$P_r=F_r$ 当 $F_a/F_r>e$ 时，$P_r=0.44F_r+YF_a$	当 $P_{0r}<F_r$ 时，取 $P_{0r}=F_r$，$P_{0r}=0.5F_r+0.46F_a$	0.015	0.38	1.47
			0.029	0.40	1.40
			0.058	0.43	1.30
			0.087	0.46	1.23
			0.12	0.47	1.19
70000AC 型 $\alpha=25°$	当 $F_a/F_r\leqslant0.68$ 时，$P_r=F_r$ 当 $F_a/F_r>0.68$ 时，$P_r=0.41F_r+0.87F_a$	当 $P_{0r}<F_r$ 时，取 $P_{0r}=F_r$，$P_{0r}=0.5F_r+0.38F_a$	0.17	0.50	1.12
			0.29	0.55	1.02
			0.44	0.56	1.00
			0.58	0.56	1.00

续表

基本尺寸 /mm			基本额定载荷 /kN		极限转速 /(r·min⁻¹)		质量 /kg	轴承代号	其他尺寸/mm					安装尺寸/mm		
d	D	B	C_r	C_{0r}	脂	油	$W\approx$	70000 C (AC)型	$d_2\approx$	$D_2\approx$	a	r min	r_1 min	d_a min	D_a max	r_a max
10	26	8	4.92	2.25	19000	28000	0.018	7000 C	14.9	21.1	6.4	0.3	0.1	12.4	23.6	0.3
	26	8	4.75	2.12	19000	28000	0.018	7000 AC	14.9	21.1	8.2	0.3	0.1	12.4	23.6	0.3
	30	9	5.82	2.95	18000	26000	0.03	7200 C	17.4	23.6	7.2	0.6	0.3	15	25	0.6
	30	9	5.58	2.82	18000	26000	0.03	7200 AC	17.4	23.6	9.2	0.6	0.3	15	25	0.6
12	28	8	5.42	2.65	18000	26000	0.02	7001 C	17.4	23.6	6.7	0.3	0.1	14.4	25.6	0.3
	28	8	5.20	2.55	18000	26000	0.02	7001 AC	17.4	23.6	8.7	0.3	0.1	14.4	25.6	0.3
	32	10	7.35	3.52	17000	24000	0.035	7201 C	18.3	26.1	8	0.6	0.3	17	27	0.6
	32	10	7.10	3.35	17000	24000	0.035	7201 AC	18.3	26.1	10.2	0.6	0.3	17	27	0.6
15	32	9	6.25	3.42	17000	24000	0.028	7002 C	20.4	26.6	7.6	0.3	0.1	17.4	29.6	0.3
	32	9	5.95	3.25	17000	24000	0.028	7002 AC	20.4	26.6	10	0.3	0.1	17.4	29.6	0.3
	35	11	8.68	4.62	16000	22000	0.043	7202 C	21.6	29.4	8.9	0.6	0.3	20	30	0.6
	35	11	8.35	4.40	16000	22000	0.043	7202 AC	21.6	29.4	11.4	0.6	0.3	20	30	0.6
17	35	10	6.60	3.85	16000	22000	0.036	7003 C	22.9	29.1	8.5	0.3	0.1	19.4	32.6	0.3
	35	10	6.30	3.68	16000	22000	0.036	7003 AC	22.9	29.1	11.1	0.3	0.1	19.4	32.6	0.3
	40	12	10.8	5.95	15000	20000	0.062	7203 C	24.6	33.4	9.9	0.6	0.3	22	35	0.6
	40	12	10.5	5.65	15000	20000	0.062	7203 AC	24.6	33.4	12.8	0.6	0.3	22	35	0.6
20	42	12	10.5	6.08	14000	19000	0.064	7004 C	26.9	35.1	10.2	0.6	0.3	25	37	0.6
	42	12	10.0	5.73	14000	19000	0.064	7004 AC	26.9	35.1	13.2	0.6	0.3	25	37	0.6
	47	14	14.5	8.22	13000	18000	0.1	7204 C	29.3	39.7	11.5	1	0.3	26	41	1.1
	47	14	14.0	7.82	13000	18000	0.1	7204 AC	29.3	39.7	14.9	1	0.3	26	41	1.1
25	47	12	11.5	7.45	12000	17000	0.074	7005 C	31.9	40.1	10.8	0.6	0.3	30	42	0.6
	47	12	11.2	7.08	12000	17000	0.074	7005 AC	31.9	40.1	14.4	0.6	0.3	30	42	0.6
	52	15	16.5	10.5	11000	16000	0.12	7205 C	33.8	44.2	12.7	1	0.3	31	46	1
	52	15	15.8	9.88	11000	16000	0.12	7205 AC	33.8	44.2	16.4	1	0.3	31	46	1
30	55	13	15.2	10.2	9500	14000	0.11	7006 C	38.4	47.7	12.2	1	0.3	36	49	1
	55	13	14.5	9.85	9500	14000	0.11	7006 AC	38.4	47.7	16.4	1	0.3	36	49	1
	62	16	23.0	15.0	9000	13000	0.19	7206 C	40.8	52.2	14.2	1	0.3	36	56	1
	62	16	22.0	14.2	9000	13000	0.19	7206 AC	40.8	52.2	18.7	1	0.3	36	56	1
35	62	14	19.5	14.2	8500	12000	0.15	7007 C	43.3	53.7	13.5	1	0.3	41	56	1
	62	14	18.5	13.5	8500	12000	0.15	7007 AC	43.3	53.7	18.3	1	0.3	41	56	1
	72	17	30.5	20.0	8000	11000	0.28	7207 C	46.8	60.2	15.7	1.1	0.3	42	65	1.1
	72	17	29.0	19.2	8000	11000	0.28	7207 AC	46.8	60.2	21	1.1	0.3	42	65	1.1
40	68	15	20.0	15.2	8000	11000	0.18	7008 C	48.8	59.2	14.7	1	0.3	46	62	1
	68	15	19.0	14.5	8000	11000	0.18	7008 AC	48.8	59.2	20.1	1	0.3	46	62	1
	80	18	36.8	25.8	7500	10000	0.37	7208 C	52.8	67.2	17	1.1	0.6	47	73	1.1
	80	18	35.2	24.5	7500	10000	0.37	7208 AC	52.8	67.2	23	1.1	0.6	47	73	1.1

续表

基本尺寸/mm			基本额定载荷/kN		极限转速/(r·min⁻¹)		质量/kg	轴承代号	其他尺寸/mm					安装尺寸/mm		
d	D	B	C_r	C_{0r}	脂	油	$W\approx$	70000 C (AC)型	$d_2\approx$	$D_2\approx$	a	r min	r_1 min	d_a min	D_a max	r_a max
45	75	16	25.8	20.5	7500	10000	0.23	7009 C	54.2	65.9	16	1	0.3	51	69	1
	75	16	25.8	19.5	7500	10000	0.23	7009 AC	54.2	65.9	21.9	1	0.3	51	69	1
	85	19	38.5	28.5	6700	9000	0.41	7209 C	58.8	73.2	18.2	1.1	0.6	52	78	1.1
	85	19	36.8	27.2	6700	9000	0.41	7209 AC	58.8	73.2	24.7	1.1	0.6	52	78	1.1
50	80	16	26.5	22.0	6700	9000	0.25	7010 C	59.2	70.9	16.7	1	0.3	56	74	1
	80	16	25.2	21.0	6700	9000	0.25	7010 AC	59.2	70.9	23.2	1	0.3	56	74	1
	90	20	42.8	32.0	6300	8500	0.46	7210 C	62.4	77.7	19.4	1.1	0.6	57	83	1.1
	90	20	40.8	30.5	6300	8500	0.46	7210 AC	62.4	77.7	26.3	1.1	0.6	57	83	1.1
55	90	18	37.2	30.5	6000	8000	0.38	7011 C	65.4	79.7	18.7	1.1	0.6	62	83	1.1
	90	18	35.2	29.2	6000	8000	0.38	7011 AC	65.4	79.7	25.9	1.1	0.6	62	83	1.1
	100	21	52.8	40.5	5600	7500	0.61	7211 C	68.9	86.1	20.9	1.5	0.6	64	91	1.5
	100	21	50.5	38.5	5600	7500	0.61	7211 AC	68.9	86.1	28.6	1.5	0.6	64	91	1.5
60	95	18	38.2	32.8	5600	7500	0.4	7012 C	71.4	85.7	19.4	1.1	0.6	67	88	1.1
	95	18	36.2	31.5	5600	7500	0.4	7012 AC	71.4	85.7	27.1	1.1	0.6	67	88	1.1
	110	22	61.0	48.5	5300	7000	0.8	7212 C	76	94.1	22.4	1.5	0.6	69	101	1.5
	110	22	58.2	46.2	5300	7000	0.8	7212 AC	76	94.1	30.8	1.5	0.6	69	101	1.5
65	100	18	40.0	35.5	5300	7000	0.43	7013 C	75.3	89.8	20.1	1.1	0.6	72	93	1.1
	100	18	38.0	33.8	5300	7000	0.43	7013 AC	75.3	89.8	28.2	1.1	0.6	72	93	1.1
	120	23	69.8	55.2	4800	6300	1	7213 C	82.5	102.5	24.2	1.5	0.6	74	111	1.5
	120	23	66.5	52.5	4800	6300	1	7213 AC	82.5	102.5	33.5	1.5	0.6	74	111	1.5
70	110	20	48.2	43.5	5000	6700	0.6	7014 C	82	98	22.1	1.1	0.6	77	103	1.1
	110	20	45.8	41.5	5000	6700	0.6	7014 AC	82	98	30.9	1.1	0.6	77	103	1.1
	125	24	70.2	60.0	4500	6700	1.1	7214 C	89	109	25.3	1.5	0.6	79	116	1.5
	125	24	69.2	57.5	4500	6700	1.1	7214 AC	89	109	35.1	1.5	0.6	79	116	1.5
75	115	20	49.5	46.5	4800	6300	0.63	7015 C	88	104	22.7	1.1	0.6	82	108	1.1
	115	20	46.8	44.2	4800	6300	0.63	7015 AC	88	104	32.2	1.1	0.6	82	108	1.1
	130	25	79.2	65.8	4300	5600	1.2	7215 C	94	115	26.4	1.5	0.6	84	121	1.5
	130	25	75.2	63.0	4300	5600	1.2	7215 AC	94	115	36.6	1.5	0.6	84	121	1.5
80	125	22	58.5	55.8	4500	6000	0.85	7016 C	95.2	112.8	24.7	1.1	0.6	87	118	1.1
	125	22	55.5	53.2	4500	6000	0.85	7016 AC	95.2	112.8	34.9	1.1	0.6	87	118	1.1
	140	26	89.5	78.2	4000	5300	1.45	7216 C	100	122	27.7	2	1	90	130	2
	140	26	85.0	74.5	4000	5300	1.45	7216 AC	100	122	38.9	2	1	90	130	2
85	130	22	62.5	60.2	4300	5600	0.89	7017 C	99.4	117.6	25.4	1.1	0.6	92	123	1.1
	130	22	59.2	57.2	4300	5600	0.89	7017 AC	99.4	117.6	36.1	1.1	0.6	92	123	1.1
	150	28	99.8	85.0	3800	5000	1.8	7217 C	107.1	131	29.9	2	1	95	140	2
	150	28	94.8	81.5	3800	5000	1.8	7217 AC	107.1	131	41.6	2	1	95	140	2

续表

基本尺寸/mm			基本额定载荷/kN		极限转速/(r·min⁻¹)		质量/kg	轴承代号	其他尺寸/mm					安装尺寸/mm		
d	D	B	C_r	C_{0r}	脂	油	$W\approx$	70000 C (AC)型	$d_2\approx$	$D_2\approx$	a	r min	r_1 min	d_a min	D_a max	r_a max
90	140	24	71.5	69.8	4000	5300	1.15	7018 C	107.2	126.8	27.4	1.5	0.6	99	131	1.5
	140	24	67.5	66.5	4000	5300	1.15	7018 AC	107.2	126.8	38.8	1.5	0.6	99	131	1.5
	160	30	122	105	3600	4800	2.25	7218 C	111.7	138.4	31.7	2	1	100	150	2
	160	30	118	100	3600	4800	2.25	7218 AC	111.7	138.4	44.2	2	1	100	150	2
95	145	24	73.5	73.2	3800	5000	1.2	7019 C	110.2	129.8	28.1	1.5	0.6	104	136	1.5
	145	24	69.5	69.8	3800	5000	1.2	7019 AC	110.2	129.8	40	1.5	0.6	104	136	1.5
	170	32	135	115	3400	4500	2.7	7219 C	118.1	147	33.8	2.1	1.1	107	158	2
	170	32	128	108	3400	4500	2.7	7219 AC	118.1	147	46.9	2.1	1.1	107	158	2
100	150	24	79.2	78.5	3800	5000	1.25	7020 C	114.6	135.4	28.7	1.5	0.6	109	141	1.5
	150	24	75	74.8	3800	5000	1.25	7020 AC	114.6	135.4	41.2	1.5	0.6	109	141	1.5
	180	34	148	128	3200	4300	3.25	7220 C	124.8	155.3	35.8	2.1	1.1	112	168	2
	180	34	142	122	3200	4300	3.25	7220 AC	124.8	155.3	49.7	2.1	1.1	112	168	2
105	160	26	88.5	88.8	3600	4800	1.6	7021 C	121.5	143.6	30.8	2	1	115	150	2
	160	26	83.8	84.2	3600	4800	1.6	7021 AC	121.5	143.6	43.9	2	1	115	150	2
	190	36	162	145	3000	4000	3.85	7221 C	131.3	163.8	37.8	2.1	1.1	117	178	2
	190	36	155	138	3000	4000	3.85	7221 AC	131.3	163.8	52.4	2.1	1.1	117	178	2
110	170	28	100	102	3600	4800	1.95	7022 C	129.1	152.9	32.8	2	1	120	160	2
	170	28	95.5	97.2	3600	4800	1.95	7022 AC	129.1	152.9	46.7	2	1	120	160	2
	200	38	175	162	2800	3800	4.55	7222 C	138.9	173.2	39.8	2.1	1.1	122	188	2
	200	38	168	155	2800	3800	4.55	7222 AC	138.9	173.2	55.2	2.1	1.1	122	188	2
120	180	28	108	110	2800	3800	2.1	7024 C	137.7	162.4	34.1	2	1	130	170	2
	180	28	102	105	2800	3800	2.1	7024 AC	137.7	162.4	48.9	2	1	130	170	2
	215	40	188	180	2400	3400	5.4	7224 C	149.4	185.7	42.4	2.1	1.1	132	203	2
	215	40	180	172	2400	3400	5.4	7224 AC	149.4	185.7	59.1	2.1	1.1	132	203	2
130	200	33	128	135	2600	3600	3.2	7026 C	151.4	178.7	38.6	2	1	140	190	2
	200	33	122	128	2600	3200	3.2	7026 AC	151.4	178.7	54.9	2	1	140	190	2
	230	40	205	210	2200	3200	6.25	7226 C	162.9	199.3	44.3	3	1.1	144	216	2.5
	230	40	195	200	2200	3200	6.25	7226 AC	162.9	199.3	62.2	3	1.1	144	216	2.5
140	210	33	140	145	2400	3400	3.62	7028 C	162	188	40	2	1	150	200	2
	210	33	140	150	2200	3200	3.62	7028 AC	162	188	59.2	2	1	150	200	2
	250	42	230	245	1900	2800	9.36	7228 C	—	—	41.7	3	1.1	154	236	2.5
	250	42	230	235	1900	2800	9.24	7228 AC	—	—	68.6	3	1.1	154	236	2.5
150	225	35	160	155	2200	3200	4.83	7030 C	174	201	43	2.1	1.1	162	213	2
	225	35	152	168	2000	3000	4.83	7030 AC	174	201	63.2	2.1	1.1	162	213	2

注　(1) 表中 C_r 值为真空脱氧轴承钢的负载能力。

　　(2) 标注示例:滚动轴承 7205C GB/T 292—2007。

9.5.3　圆锥滚子轴承

表 9-22　圆锥滚子轴承(GB/T 297—1994)

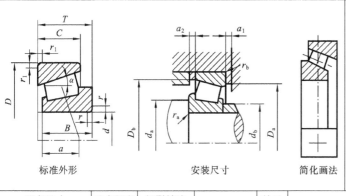

标准外形　　　　　安装尺寸　　　　简化画法

径向当量动载荷：

当 $F_a/F_r \leqslant e$ 时，$P_r = F_r$

当 $F_a/F_r > e$ 时，

$$P_r = 0.4F_r + YF_a$$

径向当量静载荷：

$$P_{0r} = 0.5F_r + Y_0 F_a$$

若 $P_{0r} < F_r$，取 $P_{0r} = F_r$

附加轴向力

$$S \approx F_r/(2Y)$$

最小径向载荷

$$F_{min} = 0.02C_r$$

外圈可以和内圈组件分离，能同时承受轴向载荷和径向载荷的联合作用,安装时可以调整游隙的大小，能限制一个方向的位移，一般成对使用

基本尺寸/mm					基本额定载荷/kN		极限转速/(r·min^{-1})		计算系数			轴承代号	其他尺寸/mm			安装尺寸/mm								
d	D	T	B	C	C_r	C_{0r}	脂	油	e	Y	Y_0	30000型	$a\approx$	r min	r_1 min	d_a min	d_b max	D_a min	D_a max	D_b min	a_1 min	a_2 min	r_a max	r_b max
15	42	14.25	13	11	22.8	21.5	9000	12000	0.29	2.1	1.2	30302	9.6	1	1	21	22	36	36	38	2	3.5	1	1
17	40	13.25	12	11	20.8	21.8	9000	12000	0.35	1.7	1	30203	9.9	1	1	23	23	34	34	37	2	2.5	1	1
	47	15.25	14	12	28.2	27.2	8500	11000	0.29	2.1	1.2	30303	10.4	1	1	23	25	40	41	43	3	3.5	1	1
20	47	15.25	14	12	28.2	30.5	8000	10000	0.35	1.7	1	30204	11.2	1	1	26	27	40	41	43	2	3.5	1	1
	52	16.25	15	13	33.0	33.2	7500	9500	0.3	2	1.1	30304	11.1	1.5	1.5	27	28	44	45	47	3	3.5	1.5	1.5
25	52	16.25	15	13	32.2	37.0	7000	9000	0.37	1.6	0.9	30205	12.5	1	1	31	31	44	46	48	2	3.5	1	1
	62	18.25	17	15	46.8	48.0	6300	8000	0.3	2	1.1	30305	13.0	1.5	1.5	32	35	54	55	57	3	3.5	1.5	1.5
30	62	17.25	16	14	43.2	50.5	6000	7500	0.37	1.6	0.9	30206	13.8	1	1	36	37	53	56	57	3	3.5	1	1
	62	21.25	20	17	51.8	63.8	6000	7500	0.37	1.6	0.9	32206	15.6	1	1	36	37	52	56	58	3	4.5	1	1
	72	20.75	19	16	59.0	63.0	5600	7000	0.31	1.9	1.1	30306	15.3	1.5	1.5	37	41	62	65	66	3	5	1.5	1.5
35	72	18.25	17	15	54.2	63.5	5300	6700	0.37	1.6	0.9	30207	15.3	1.5	1.5	42	44	62	65	67	3	3.5	1.5	1.5
	72	24.25	23	19	70.5	89.5	5300	6700	0.37	1.6	0.9	32207	17.9	1.5	1.5	42	43	61	65	67	3	5	1.5	1.5
	80	22.75	21	18	75.2	82.5	5000	6300	0.31	1.9	1.1	30307	16.8	2	1.5	44	45	70	71	74	3	5	2	1.5
40	80	19.75	18	16	63.0	74.0	5000	6300	0.37	1.6	0.9	30208	16.9	1.5	1.5	47	49	69	73	75	3	4	1.5	1.5
	80	24.75	23	19	77.8	77.2	5000	6300	0.37	1.6	0.9	32208	18.9	1.5	1.5	47	48	68	73	75	3	6	1.5	1.5
	90	25.25	23	20	90.8	108	4500	5600	0.35	1.7	1	30308	19.5	2	1.5	49	52	77	81	82	3	5.5	2	1.5
45	85	20.75	19	16	67.8	83.5	4500	5600	0.4	1.5	0.8	30209	18.6	1.5	1.5	52	54	74	78	80	3	5	1.5	1.5
	85	24.75	23	19	80.8	105	4500	5600	0.4	1.5	0.8	32209	20.1	1.5	1.5	52	53	73	78	80	3	6	1.5	1.5
	100	27.25	25	22	108	130	4000	5000	0.35	1.7	1	30309	21.3	2	1.5	54	59	86	91	92	3	5.5	2	1.5
50	90	21.75	20	17	73.2	92.0	4300	5300	0.42	1.4	0.8	30210	20.0	1.5	1.5	57	59	79	83	85	3	5	1.5	1.5
	90	24.75	23	19	82.8	108	4300	5300	0.42	1.4	0.8	32210	21.0	1.5	1.5	57	58	78	83	85	3	6	1.5	1.5
	110	29.25	27	23	130	158	3800	4800	0.35	1.7	1	30310	23.0	2.5	2	60	65	95	100	102	4	6.5	2	2
55	100	22.75	21	18	90.8	115	3800	4800	0.4	1.5	0.8	30211	21.0	2	1.5	64	64	88	91	94	4	5	2	1.5
	100	26.75	25	21	108	142	3800	4800	0.4	1.5	0.8	32211	22.8	2	1.5	64	63	87	91	95	4	6	2	1.5
	120	31.5	29	25	152	188	3400	4300	0.35	1.7	1	30311	24.9	2.5	2	65	71	104	110	112	4	6.5	2.5	2
60	110	23.75	22	19	102	130	3600	4500	0.4	1.5	0.8	30212	22.3	2	1.5	69	70	96	101	103	4	5	2	1.5
	110	29.75	28	24	132	180	3600	4500	0.4	1.5	0.8	32212	25.0	2	1.5	69	69	95	101	104	4	6	2	1.5
	130	33.5	31	26	170	210	3200	4000	0.35	1.7	1	30312	26.6	3	2.5	72	77	112	118	121	5	7.5	2.5	2.1
65	120	24.75	23	20	120	152	3200	4000	0.4	1.5	0.8	30213	23.8	2	1.5	74	77	106	111	113	4	5	2	1.5
	120	32.75	31	27	160	222	3200	4000	0.4	1.5	0.8	32213	27.3	2	1.5	74	75	104	111	115	4	6	2	1.5
	140	36	33	28	195	242	2800	3600	0.35	1.7	1	30313	28.7	3	2.5	77	83	122	128	131	5	8	2.5	2.1

续表

d	D	T	B	C	C_r	C_{0r}	脂	油	e	Y	Y_0	30000型	a ≈	r min	r_1 min	d_a min	d_b max	D_a min	D_a max	D_b min	a_1 min	a_2 min	r_a max	r_b max
70	125	26.25	24	21	132	175	3000	3800	0.42	1.4	0.8	30214	25.8	2	1.5	79	81	110	116	118	4	5.5	2	1.5
	125	33.25	31	27	168	238	3000	3800	0.42	1.4	0.8	32214	28.8	2	1.5	80	80	108	116	119	4	6.5	2	1.5
	150	38	35	30	218	272	2600	3400	0.35	1.7	1	30314	30.7	3	2.5	82	89	130	138	140	5	8	2.5	2.1
75	130	27.25	25	22	138	185	2800	3600	0.44	1.4	0.8	30215	27.4	2	1.5	84	86	115	121	124	4	5.5	2	1.5
	130	33.25	31	27	170	242	2800	3600	0.44	1.4	0.8	32215	30.0	2	1.5	84	85	115	121	125	4	6.5	2	1.5
	160	40	37	31	252	318	2400	3200	0.35	1.7	1	30315	32.0	3	2.5	87	95	139	148	149	5	9	2.5	2.1
80	140	28.25	26	22	160	212	2600	3400	0.42	1.4	0.8	30216	28.1	2.5	2	90	91	124	130	133	4	6	2.1	2
	140	35.25	33	28	198	278	2600	3400	0.42	1.4	0.8	32216	31.4	2.5	2	90	90	122	130	134	5	7.5	2.1	2
	170	42.5	39	33	278	352	2200	3000	0.35	1.7	1	30316	34.4	3	2.5	92	102	148	158	159	5	9.5	2.5	2.1
85	150	30.5	28	24	178	238	2400	3200	0.42	1.4	0.8	30217	30.3	2.5	2	95	97	132	140	141	5	6.5	2.1	2
	150	38.5	36	30	228	325	2400	3200	0.42	1.4	0.8	32217	33.9	2.5	2	95	96	130	140	143	5	8.5	2.1	2
	180	44.5	41	34	305	388	2000	2800	0.35	1.7	1	30317	35.9	4	3	99	107	156	166	168	6	10.5	3	2.5
90	160	32.5	30	26	200	270	2200	3000	0.42	1.4	0.8	30218	32.3	2.5	2	100	103	140	150	151	5	6.5	2.1	2
	160	42.5	40	34	270	395	2200	3000	0.42	1.4	0.8	32218	36.8	2.5	2	100	101	138	150	153	5	8.5	2.1	2
	190	46.5	43	36	342	440	1900	2600	0.35	1.7	1	30318	37.5	4	3	104	113	165	176	177	6	10.5	3	2.5
95	170	34.5	32	27	228	308	2000	2800	0.42	1.4	0.8	30219	34.2	3	2.5	107	109	149	158	160	5	7.5	2.5	2.1
	170	45.5	43	37	302	448	2000	2800	0.42	1.4	0.8	32219	39.2	3	2.5	107	107	145	158	162	5	8.5	2.5	2.1
	200	49.5	45	38	370	478	1800	2400	0.35	1.7	1	30319	40.1	4	3	109	118	172	186	185	6	11.5	3	2.5
100	180	37	34	29	255	350	1900	2600	0.42	1.4	0.8	30220	36.4	3	2.5	112	116	157	168	169	5	8	2.5	2.1
	180	49	46	39	340	512	1900	2600	0.42	1.4	0.8	32220	41.9	3	2.5	112	113	154	168	171	5	10	2.5	2.1
	215	51.5	47	39	405	525	1600	2000	0.35	1.7	1	30320	42.2	4	3	114	127	184	201	198	6	12.5	3	2.5
105	190	39	36	30	285	398	1800	2400	0.42	1.4	0.8	30221	38.5	3	2.5	117	122	165	178	178	5	9	2.5	2.1
	190	53	50	43	380	578	1800	2400	0.42	1.4	0.8	32221	45.0	3	2.5	117	119	161	178	180	5	10	2.5	2.1
	225	53.5	49	41	432	562	1500	1900	0.35	1.7	1	30321	43.6	4	3	119	133	193	211	207	7	12.5	3	2.5
110	200	41	38	32	315	445	1700	2200	0.42	1.4	0.8	30222	40.4	3	2.5	122	129	174	188	188	6	9	2.5	2.1
	200	56	53	46	430	665	1700	2200	0.42	1.4	0.8	32222	47.3	3	2.5	122	126	170	188	191	6	10	2.5	2.1
	240	54.5	50	42	472	612	1400	1800	0.35	1.7	1	30322	45.1	4	3	124	142	206	226	221	6	12.5	3	2.5
120	215	43.5	40	34	338	482	1500	1900	0.44	1.4	0.8	30224	44.1	3	2.5	132	140	187	203	202	6	9.5	2.5	2.1
	215	61.5	58	50	478	758	1500	1900	0.44	1.4	0.8	32224	52.3	3	2.5	132	135	181	203	205	7	11.5	2.5	2.1
	260	59.5	55	46	562	745	1300	1700	0.35	1.7	1	30324	49.0	4	3	134	153	221	246	238	8	13.5	3	2.5
130	230	43.75	40	34	365	520	1400	1800	0.44	1.4	0.8	30226	46.1	4	3	144	162	203	216	218	7	10	3	2.5
	230	67.75	64	54	552	888	1400	1800	0.44	1.4	0.8	32226	56.6	4	3	144	144	193	216	220	7	14	3	2.5
	280	63.75	58	49	640	855	1100	1500	0.35	1.7	1	30326	53.2	5	4	145	164	239	262	257	8	15	4	3
140	250	45.75	42	36	408	585	1200	1600	0.44	1.4	0.8	30228	49.0	4	3	154	163	219	236	235	9	11	3	2.5
	250	71.75	68	58	645	1050	1200	1600	0.44	1.4	0.8	32228	60.7	4	3	154	157	210	236	239	8	14	3	2.5
	300	67.75	62	53	722	975	1000	1400	0.35	1.7	1	30328	56.5	5	4	155	176	255	282	275	9	15	4	3
150	270	49	45	38	450	645	1100	1500	0.44	1.4	0.8	30230	52.4	4	3	164	175	234	256	251	9	11	3	2.5
	270	77	73	60	720	1180	1100	1500	0.44	1.4	0.8	32230	65.4	4	3	164	170	226	256	256	8	17	3	2.5
	320	72	65	55	802	1090	950	1300	0.35	1.7	1	30330	60.6	5	4	165	189	273	302	294	9	17	4	3

注　(1) 表中 C_r 值适用于轴承为真空脱气轴承钢材料。

　　(2) 标注示例：滚动轴承 30206 GB/T 297—1994。

　　(3) 表中安装尺寸摘自 GB/T 5868—2003。

9.5.4 滚动轴承与轴和外壳的配合

表 9-23 向心轴承和轴的配合、轴公差代号(摘自 GB/T 275—1993)

运转状态		载荷状态	深沟球轴承、调心球轴承和角接触球轴承	圆柱滚子轴承和圆锥滚子轴承	调心滚子轴承	公差带
说 明	举 例		轴承公称内径/mm			
旋转的内圈载荷及摆动载荷	一般通用机械、电动机、机床主轴、泵、内燃机、正齿轮传动装置、铁路机车车辆轴箱、破碎机等的轴承	轻载	≤18	—	—	h5
			>18~100	≤40	≤40	j6
			>100~200	>40~140	>40~100	k6
			—	>140~200	>100~200	m6
		正常载荷	≤18	—	—	j5,js5
			>18~100	≤40	≤40	k5
			>100~140	>40~100	>40~65	m5
			>140~200	>100~140	>65~100	m6
			>200~280	>140~200	>100~140	n6
		重载	—	>50~140	>50~100	n6
			—	>140~200	>100~140	p6
固定的内圈载荷	静止轴上的各种轮子、张紧轮绳轮、振动筛、惯性振动器轴承	所有载荷	所有尺寸			f6
						g6
						h6
						j6
仅有轴向载荷			所有尺寸			j6,js6

注 (1)该表适用于圆柱孔轴承。

(2)轻载指 $P_r/C_r \leq 0.07$;正常载荷指 $P_r/C_r > 0.07 \sim 0.15$;重载指 $P_r/C_r > 0.15$。

(3)凡对精度有较高要求的场合,应用 j5,k5,…代替 j6,k6,…。

(4)圆锥滚子轴承、角接触球轴承配合对游隙影响不大,可用 k6,m6 代替 k5,m5。

(5)重载下轴承游隙应选大于 0 组。

表 9-24 向心轴承和外壳的配合、孔公差代号(摘自 GB/T 275—1993)

运转状态		载荷状态	其他状况	公差带	
说 明	举 例			球轴承	滚子轴承
固定的外圈载荷	一般机械、铁路机车车辆轴箱、电动机、泵、曲轴主轴承	轻、正常、重	轴向易移动,可采用剖分式外壳	H7,G7	
		冲击	轴向能移动,可采用整体或剖分式外壳	J7,Js7	
摆动载荷		轻、正常			
		正常、重		K7	
		冲击		M7	
旋转的外圈载荷	张紧滑轮、轮毂轴承	轻	轴向不移动,采用整体式外壳	J7	K7
		正常		K7,M7	M7,N7
		重		—	N7,P7

注 (1)并列公差带随尺寸的增大从左至右选择,对旋转精度有较高要求时,可相应提高一个公差等级。

(2)不适用于剖分式外壳。

表 9-25　轴和外壳孔的几何公差(摘自 GB/T 275—1993)

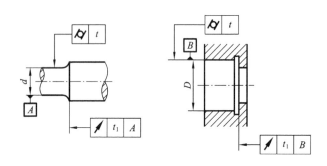

基本尺寸 /mm		圆柱度 t				端面圆跳动 t_1			
		轴　颈		外　壳　孔		轴　肩		外　壳　孔　肩	
		轴承公差等级							
		G	E(Ex)	G	E(Ex)	G	E(Ex)	G	E(Ex)
超过	到	公差值/μm							
	6	2.5	1.5	4	2.5	5	3	8	5
6	10	2.5	1.5	4	2.5	6	4	10	6
10	18	3.0	2.0	5	3.0	8	5	12	8
18	30	4.0	2.5	6	4.0	10	6	15	10
30	50	4.0	2.5	7	4.0	12	8	20	12
50	80	5.0	3.0	8	5.0	15	10	25	15
80	120	6.0	4.0	10	6.0	15	10	25	15
120	180	8.0	5.0	12	8.0	20	12	30	20

注　表中轴承公差等级 G、E、Ex 为 GB 307—1964 中规定的轴承公差等级,依次对应现行国标 GB/T 307.3—2005 中的轴承公差等级:0、6、6X。

表 9-26　轴和外壳孔与轴承配合表面的粗糙度(摘自 GB/T 275—1993)

配 合 表 面	轴承公称直径/mm		说　　明
	≤80	>80~500	
	表面粗糙度 Ra/μm		轴颈、轴肩表面和内垫圈端面的粗糙度以内径查表确定;外壳孔、外壳孔肩表面和外垫圈表面粗糙度以外径查表确定
轴颈表面	1.60	3.20	
外壳孔表面	1.60	3.20	
轴肩、垫圈及外壳孔肩端面	3.20	3.20	

9.6　键和销连接

9.6.1　普通平键

表 9-27　普通平键连接(摘自 GB/T 1095—2003,GB/T 1096—2003)　　(单位:mm)

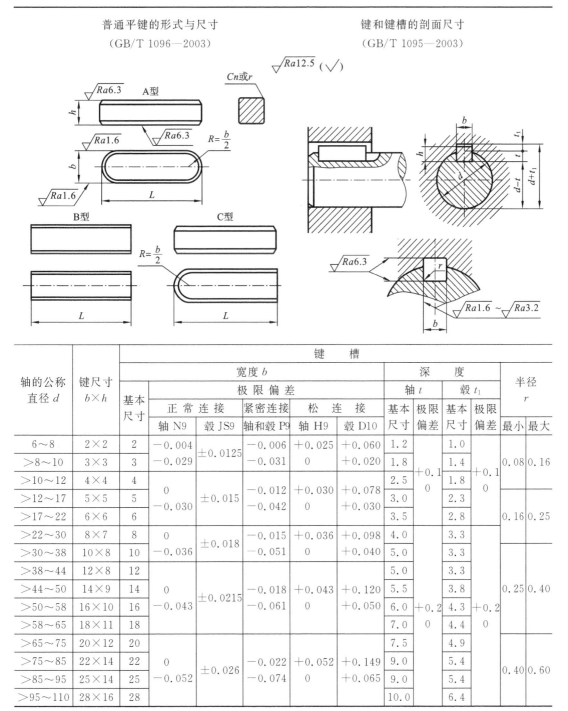

普通平键的形式与尺寸　　　　　　　　　　键和键槽的剖面尺寸
（GB/T 1096—2003）　　　　　　　　　　　（GB/T 1095—2003）

轴的公称直径 d	键尺寸 b×h	键 槽											
		宽度 b						深 度				半径 r	
		基本尺寸	极 限 偏 差					轴 t		毂 t₁			
			正 常 连接		紧密连接	松 连 接		基本尺寸	极限偏差	基本尺寸	极限偏差	最小	最大
			轴 N9	毂 JS9	轴和毂 P9	轴 H9	毂 D10						
6~8	2×2	2	−0.004 −0.029	±0.0125	−0.006 −0.031	+0.025 0	+0.060 +0.020	1.2	+0.1 0	1.0	+0.1 0	0.08	0.16
>8~10	3×3	3						1.8		1.4			
>10~12	4×4	4	0 −0.030	±0.015	−0.012 −0.042	+0.030 0	+0.078 +0.030	2.5		1.8			
>12~17	5×5	5						3.0		2.3			
>17~22	6×6	6						3.5		2.8		0.16	0.25
>22~30	8×7	8	0 −0.036	±0.018	−0.015 −0.051	+0.036 0	+0.098 +0.040	4.0		3.3			
>30~38	10×8	10						5.0		3.3			
>38~44	12×8	12	0 −0.043	±0.0215	−0.018 −0.061	+0.043 0	+0.120 +0.050	5.0		3.3			
>44~50	14×9	14						5.5		3.8		0.25	0.40
>50~58	16×10	16						6.0	+0.2 0	4.3	+0.2 0		
>58~65	18×11	18						7.0		4.4			
>65~75	20×12	20	0 −0.052	±0.026	−0.022 −0.074	+0.052 0	+0.149 +0.065	7.5		4.9			
>75~85	22×14	22						9.0		5.4		0.40	0.60
>85~95	25×14	25						9.0		5.4			
>95~110	28×16	28						10.0		6.4			

续表

轴的公称 直径 d	键尺寸 b×h	键　槽									
		宽度 b					深　　度				半径 r
		基本 尺寸	极　限　偏　差				轴 t		毂 t_1		
			正 常 连 接		紧密连接	松　连　接		基本 尺寸	极限 偏差	基本 尺寸	极限 偏差	
			轴 N9	毂 JS9	轴和毂 P9	轴 H9	毂 D10					最小	最大
键的长度 L	6,8,10,12,14,16,18,20,22,25,28,32,36,40,45,50,56,63,70,80,90,100,110,125,140, 160,180,200,220,250,280,320,360										

注　(1) 在工作图中,轴键槽深用 $d-t$ 标注,毂键槽深用 $d+t_1$ 标注。$d-t$ 和 $d+t_1$ 尺寸偏差按相应的 t 和 t_1 的偏差
　　　选取,但 $d-t$ 的偏差取负号。
　　(2) 键材料的抗拉强度应不小于 590 MPa。
　　(3) 标记示例:圆头普通平键(A 型),$b=10$ mm,$h=8$ mm,$L=25$ mm,标记为键 10×25　GB/T 1096—2003。
　　　同一尺寸的圆头普通平键(B 型)或单圆头普通平键(C 型),分别标记为键 B10×25 GB/T 1096—2003,键 C10
　　　×25 GB/T 1096—2003。

9.6.2　销

1. 圆柱销

表 9-28　圆柱销(摘自 GB/T 119.1—2000)　　　　　　(单位:mm)

d 的公差为 h8 或 m6
公差 h8:表面粗糙度 $Ra=0.8$ μm
公差 m6:表面粗糙度 $Ra=1.6$ μm

d(m6/h8)	3	4	5	6	8	10	12	16	20	25	30	40	50
c≈	0.5	0.63	0.8	1.2	1.6	2	2.5	3	3.5	4	5	6.3	8
商品规格 l	8~30	8~40	10~50	12~60	14~80	18~95	22~140	26~180	35~200	50~200	60~200	80~200	95~200
l 系列	12,14,16,18,20,22,24,26,28,30,32,35,40,45,50,55,60,65,70,75,80,85,90,95,100,120, 140,160,180,200												

注　标记示例:公称直径 $d=6$ mm,公差为 m6,公称长度 $l=30$ mm,材料为钢,不经淬火、不经表面处理的圆柱销,标记
　　　为　销 GB/T 119.1 6 m6×30

2. 圆锥销

表 9-29　圆锥销(摘自 GB/T 117—2000)　　　　　　(单位:mm)

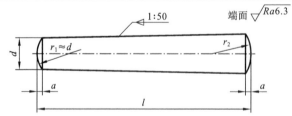

端面 √Ra6.3

A 型(磨削):
锥面表面粗糙度 $Ra=0.8$ μm
B 型(切削或冷镦):
锥面表面粗糙度 $Ra=3.2$ μm
$r_2 \approx \dfrac{a}{2} + d + \dfrac{(0.02l)^2}{8a}$

d(h10)	3	4	5	6	8	10	12	16	20	25	30	40	50
a≈	0.4	0.5	0.63	0.8	1	1.2	1.6	2	2.5	3	4	5	6.3
商品规格 l	12~ 45	14~ 55	18~ 60	22~ 90	22~ 120	26~ 160	32~ 180	40~ 200	45~ 200	50~ 200	55~ 200	60~ 200	65~ 200
l 系列	12,14,16,18,20,22,24,26,28,30,32,35,40,45,50,55,60,65,70,75,80,85,90,95, 100,120,140,160,180,200												

注　标记示例:公称直径 $d=6$ mm、公称长度 $l=30$ mm,材料为 35 钢,热处理硬度为 28~38HRC、表面氧化处理的 A
　　　型圆锥销,标记为　销 GB/T 117 6×30

9.7　螺纹连接

9.7.1　普通螺纹基本尺寸

表 9-30　普通螺纹基本尺寸(摘自 GB/T 196—2003)　　　　　　（单位:mm）

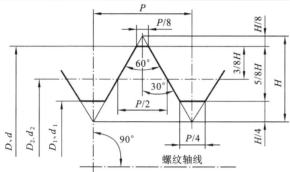

标记示例:

M20

表示公称直径 $D=20$ mm 的粗牙普通螺纹,螺距为 2.5 mm。

M20×2

表示公称直径 $D=20$ mm 的细牙普通螺纹,螺距为 2 mm。

公称直径 D,d 第一系列	第二系列	螺距 P 粗牙	细牙	中径 D_2,d_2	小径 D_1,d_1
3		0.5		2.675	2.459
			0.35	2.773	2.621
	3.5	0.6		3.110	2.850
			0.35	3.273	3.121
4		0.7		3.545	3.242
			0.5	3.675	3.549
	4.5	0.75		4.013	3.688
			0.5	4.175	3.959
5		0.8		4.480	4.134
			0.5	4.675	4.459
6		1		5.350	4.917
			0.75	5.513	5.188
	7	1		6.350	5.917
			0.75	6.513	6.188
8		1.25		7.188	6.647
			1	7.350	6.917
			0.75	7.513	7.188
10		1.5		9.026	8.376
			1.25	9.188	8.647
			1	9.350	8.917
			0.75	9.513	9.188
12		1.75		10.863	10.106
			1.5	11.026	10.376
			1.25	11.188	10.647
			1	11.350	10.917
14		2		12.701	11.835
			1.5	13.026	12.376
			(1.25)	13.188	12.647
			1	13.350	12.917
16		2		14.701	13.835
			1.5	15.026	14.376
			1	15.350	14.917
	18	2.5		16.376	15.294
			2	16.701	15.835
			1.5	17.026	16.376
			1	17.350	16.917
20		2.5		18.376	17.294
			2	18.701	17.835
			1.5	19.026	18.376
			1	19.350	18.917
	22	2.5		20.376	19.294
			2	20.701	19.838
			1.5	21.026	20.376
			1	21.350	20.917
24		3		22.051	20.752
			2	22.701	21.835
			1.5	23.026	22.376
			1	23.350	22.917
	27	3		25.051	23.752
			2	25.701	24.835
			1.5	26.026	25.376
			1	26.350	25.917
30		3.5		27.727	26.211
			(3)	28.051	26.752
			2	28.701	27.835
			1.5	29.026	28.376
			1	29.350	28.917
	33	3.5		30.727	29.211
			(3)	31.051	29.752
			2	31.701	30.835
			1.5	32.026	31.376
36		4		33.402	31.670
			3	34.051	32.752
			2	34.701	33.835
			1.5	35.026	34.376

注　(1) 优先选用第一系列,其次选用第二系列,表中未列出的第三系列尽量不用。

　　(2) 括号内的尺寸尽量不用。

9.7.2　螺纹零件的结构要素

1. 螺纹收尾、肩距、退刀槽和倒角

表 9-31　普通外螺纹收尾、肩距、退刀槽和倒角(摘自 GB/T 3—1997)　　(单位:mm)

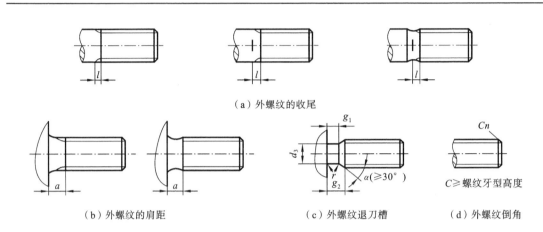

（a）外螺纹的收尾

（b）外螺纹的肩距　　　　　　　　　（c）外螺纹退刀槽　　　　　（d）外螺纹倒角

C≥螺纹牙型高度

螺距 P	收尾 x 最大		肩距 a 最大			退 刀 槽			
	一般	短	一般	长	短	g_1 最小	g_2 最大	d_g	$r\approx$
0.4	1	0.5	1.2	1.6	0.8	0.6	1.2	$d-0.7$	0.2
0.45	1.1	0.6	1.35	1.8	0.9	0.7	1.35	$d-0.7$	0.2
0.5	1.25	0.7	1.5	2	1	0.8	1.5	$d-0.8$	0.2
0.6	1.5	0.75	1.8	2.4	1.2	0.9	1.8	$d-1$	0.4
0.7	1.75	0.9	2.1	2.8	1.4	1.1	2.1	$d-1.1$	0.4
0.75	1.9	1	2.25	3	1.5	1.2	2.25	$d-1.2$	0.4
0.8	2	1	2.4	3.2	1.6	1.3	2.4	$d-1.3$	0.4
1	2.5	1.25	3	4	2	1.6	3	$d-1.6$	0.6
1.25	3.2	1.6	4	5	2.5	2	3.75	$d-2$	0.6
1.5	3.8	1.9	4.5	6	3	2.5	4.5	$d-2.3$	0.8
1.75	4.3	2.2	5.3	7	3.5	3	5.25	$d-2.6$	1
2	5	2.5	6	8	4	3.4	6	$d-3$	1
2.5	6.3	3.2	7.5	10	5	4.4	7.5	$d-3.6$	1.2
3	7.5	3.8	9	12	6	5.2	9	$d-4.4$	1.6
3.5	9	4.5	10.5	14	7	6.2	10.5	$d-5$	1.6
4	10	5	12	16	8	7	12	$d-5.7$	2
4.5	11	5.5	13.5	18	9	8	13.5	$d-6.4$	2.5
5	12.5	6.3	15	20	10	9	15	$d-7$	2.5
5.5	14	7	16.5	22	11	11	17.5	$d-7.7$	3.2
6	15	7.5	18	24	12	11	18	$d-8.3$	3.2
参考值	≈2.5P	≈1.25P	≈3P	=4P	=2P	—	≈3P	—	—

注　(1) 应优先选用"一般"长度的收尾和肩距;"短"收尾和"短"肩距仅用于结构受限制的螺纹件;产品等级为 B 或 C

　　　 级的螺纹,紧固件可采用"长"肩距。

　　(2) d 为螺纹公称直径(大径)代号。

表 9-32 普通内螺纹收尾、肩距、退刀槽和倒角(摘自 GB/T 3—1997) （单位:mm）

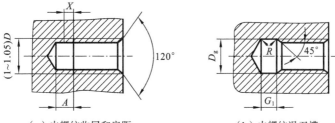

（a）内螺纹收尾和肩距　　　　　　（b）内螺纹退刀槽

螺距 P	收尾 X		肩距 A		G_1		D_g	$R\approx$
	一般	短	一般	长	一般	短		
0.5	2	1	3	4	2	1		0.2
0.6	2.4	1.2	3.2	4.8	2.4	1.2		0.4
0.7	2.8	1.4	3.5	3.5	2.8	1.4	$D+0.3$	0.4
0.75	3	1.5	3.8	3.8	3	1.5		0.4
0.8	3.2	1.6	4	6.4	3.2	1.6		0.4
1	4	2	5	8	4	2		0.6
1.25	5	2.5	6	10	5	2.5		0.6
1.5	6	3	7	12	6	3		0.8
1.75	7	3.6	9	14	7	3.5		1
2	8	4	10	16	8	4		1
2.5	10	5	12	18	10	5		1.2
3	12	6	14	22	12	6	$D+0.5$	1.6
3.5	14	7	16	24	14	7		1.6
4	16	8	18	26	16	8		2
4.5	18	9	21	29	18	9		2.5
5	20	10	23	32	20	10		2.5
5.5	22	11	25	35	22	11		3.2
6	24	12	28	38	24	12		3.2
参考值	$=4P$	$=2P$	$\approx6\sim5P$	$\approx8\sim6.5P$	$=4P$	$=2P$	—	$\approx0.5P$

注 （1）应优先选用"一般"长度的收尾和肩距;容屑需要较大空间时可选用"长"肩距。
　　（2）"短"退刀槽仅在结构受限制时采用。
　　（3）D_g 公差为 H13。
　　（4）D 为螺纹公称直径代号。

2. 通孔和沉孔尺寸

表 9-33 螺栓和螺钉通孔直径尺寸(摘自 GB/T 5277—1985)

及六角头螺栓和六角头螺母用沉孔(摘自 GB/T 152.4—1988) （单位:mm）

	螺纹规格 d		M1.6	M2	M2.5	M3	M4	M5	M6	M8	M10	M12	M14	M16	M18	M20	M22	M24	M27	M30	M33	M36
GB/T 5277—1985	通孔直径 d_1	精装配	1.7	2.2	2.7	3.2	4.3	5.3	6.4	8.4	10.5	13	15	17	19	21	23	25	28	31	34	37
		中等装配	1.8	2.4	2.9	3.4	4.5	5.5	6.6	9	11	13.5	15.5	17.5	20	22	24	26	30	33	36	39
		粗装配	2	2.6	3.1	3.6	4.8	5.8	7	10	12	14.5	16.5	18.5	21	24	26	28	32	35	38	42
GB/T 152.4—1988	d_2(H15)		5	6	8	9	10	11	13	18	22	26	30	33	36	40	43	48	53	61	66	71
	d_3		—	—	—	—	—	—	—	16	18	20	22	24	26	28	33	36	39	42

注 （1）如无特殊要求,通孔公差按下列规定:精装配系列取 H12;中等装配系列取 H13;粗装配系列取 H14。
　　（2）对尺寸 t,只要能制出与通孔轴线垂直的圆平面即可。

3. 地脚螺栓孔和凸缘

表 9-34　地脚螺栓孔和凸缘　　　　　　　　　（单位:mm）

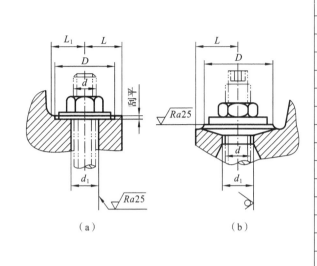

（a）　　　　　　　　（b）

d	d_1	D	L	L_1
16	20	45	25	22
20	25	48	30	25
24	30	60	35	30
30	40	85	50	50
36	50	100	55	55
42	55	110	60	60
48	65	130	70	70
56	80	170	95	
64	95	200	110	
76	110	220	120	
90	135	280	150	
100	145	280	150	
115	165	330	175	
130	185	370	200	

注　（1）根据结构和工艺性要求,必要时尺寸 L 及 L_1 可以变动。

　　（2）图(a)所示螺纹孔采用钻孔,图(b)所示螺纹孔采用铸孔。

4. 普通螺纹的余留长度、钻孔余留深度、螺栓突出螺母的末端长度

表 9-35　普通螺纹的余留长度、钻孔余留深度、螺栓突出螺母的末端长度（摘自 JB/ZQ 4247—2006）

（单位:mm）

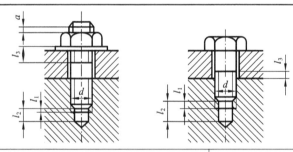

螺距 P	螺纹直径 d		余留长度			末端长度 a
	粗　牙	细　牙	内螺纹 l_1	钻孔 l_2	外螺纹 l_3	
0.5	3	5	1	4	2	1～2
0.7	4	—		5		
0.75	—	6	1.5		2.5	2～3
0.8	5			6		
1	6	8,10,14,16,18	2	7	3.5	
1.25	8	12	2.5	9	4	2.5～4
1.5	10	14,16,18,20,22,24,27,30,33	3	10	4.5	
1.75	12	—	3.5	13	5.5	3.5～5

续表

螺距 P	螺纹直径 d		余留长度			末端长度 a
	粗　牙	细　牙	内螺纹 l_1	钻孔 l_2	外螺纹 l_3	
2	14,16	24,27,30,33,36,39,45,48,52	4	14	6	4.5~6.5
2.5	18,20,22		5	17	7	
3	24,27	36,39,42,45,48,56,60,64,72,76	6	20	8	5.5~8
3.5	30	—	7	23	10	
4	36	56,60,64,68,72,76	8	26	11	7~11
4.5	42	—	9	30	12	
5	48	—	10	33	13	10~15
5.5	56	—	11	36	16	
6	64,72,76	—	12	40	18	

9.7.3　螺纹连接的标准件

1. 螺栓

表 9-36　六角头螺栓—A 和 B 级(摘自 GB/T 5782—2000)、
六角头螺栓全螺纹—A 和 B 级(摘自 GB/T 5783—2000)　(单位:mm)

六角头螺栓(摘自 GB/T 5782—2000)　　　　　六角头螺栓全螺纹(摘自 GB/T 5783—2000)

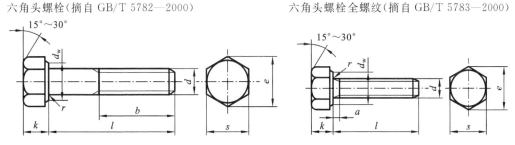

螺纹规格 d		M1.6	M2	M2.5	M3	M4	M5	M6	M8	M10	M12	(M14)	M16	(M18)	M20	(M22)	M24	(M27)	M30	M36
s(公称)		3.2	4	5	5.5	7	8	10	13	16	18	21	24	27	30	34	36	41	46	55
k(公称)		1.1	1.4	1.7	2	2.8	3.5	4	5.3	6.4	7.5	8.8	10	11.5	12.5	14	15	17	18.7	22.5
r(最小)		0.1	0.1	0.1	0.1	0.2	0.2	0.25	0.4	0.4	0.6	0.6	0.6	0.6	0.8	0.8	0.8	1	1	1
e(最小)	A	3.41	4.32	5.45	6.01	7.66	8.79	11.05	14.38	17.77	20.03	23.36	26.75	30.14	33.53	37.72	39.98	—	—	—
	B	3.28	4.18	5.31	5.88	7.50	8.63	10.89	14.20	17.59	19.85	22.78	26.17	29.56	32.95	37.29	39.55	45.2	50.85	60.79
d_w(最小)	A	2.27	3.07	4.07	4.57	5.88	6.88	8.88	11.63	14.63	16.63	19.64	22.49	25.34	28.19	31.71	33.61	—	—	—
	B	2.3	2.95	3.95	4.45	5.74	6.74	8.74	11.47	14.47	16.47	19.15	22	24.85	27.7	31.35	33.25	38	42.75	51.11
b (参考)	l≤125	9	10	11	12	14	16	18	22	26	30	34	38	42	46	50	54	60	66	—
	125<l≤200	15	16	17	18	20	22	24	28	32	36	40	44	48	52	56	60	66	72	84
	l>200	28	29	30	31	33	35	37	41	45	49	53	57	61	65	69	73	79	85	97
a_{max}		1.05	1.2	1.35	1.5	2.1	2.4	3	4	4.5	5.3	6	6	7.5	7.5	7.5	9	9	10.5	12
l		12~16	16~20	16~25	20~30	25~40	25~50	30~60	40(35)~80	45(40)~100	50(45)~120	60(50)~140	65(55)~160	70(60)~180	80(65)~200	90(70)~220	90(80)~240	100~260(90~300)	110(90)~300	140~360(110~300)

续表

螺纹规格 d	M1.6	M2	M2.5	M3	M4	M5	M6	M8	M10	M12	(M14)	M16	(M18)	M20	(M22)	M24	(M27)	M30	M36
全螺纹长度 l	2～16	4～20	5～25	6～30	8～40	10～50	12～60	16～80	20～100	25～120	30～140	30～150	35～150	40～150	45～150	50～150	55～200	60～200	70～200
100 mm 长的质量/kg	—	—	—	—	0.008	0.013	0.020	0.037	0.066	0.094	0.132	0.178	0.229	0.289	0.366	0.431	0.569	0.722	1.099

l 系列	2,3,4,5,6,8,10,12,16,20,25,30,35,40,45,50,55,60,65,70,80,90,100,110,120,130,140,150,160,180,200,220,240,260,280,300,320,340,360

技术条件	材料		钢		不锈钢	有色金属	螺纹公差：6g	产品等级：A、B
	性能等级	GB/T 5782	M3≤d≤M39：5,6,8,8,10,9 M3≤d≤M16：9,8		d≤M24：A2-70、A4-70 M24<d≤M39：A2-50、A4-50 d>M39：按协议	CU2、CU3、AL4		
		GB/T 5783	d<M3 和 d>M39：按协议					
	表面处理		氧化		简单处理	简单处理		

注　(1) 产品等级 A 级用于 d=1.6～24 mm 和 l≤10d 或 l≤150 mm(按较小值)的螺栓,B 级用于 d>24 mm 和 l>10d 或 l>150 mm(按较小值)的螺栓。A 级精度较 B 级高。

　　(2) M3～M36 为商品规格。括号内为非优选的螺纹直径规格,尽量不采用。

　　(3) 标注示例:螺纹规格 d=M12、公称长度 l=80 mm、性能等级为 8.8 级、表面氧化的 A 级六角头螺栓,标记为

　　　　螺栓　GB/T 5782 M12×80

　　　　螺纹规格 d=M12、公称长度 l=80 mm、性能等级为 4.8 级、表面氧化的 A 级六角螺栓,标记为

　　　　螺栓　GB/T 5783 M12×80

2. 螺钉

表 9-37　开槽盘头螺钉(摘自 GB/T 67—2008)　　　　　　(单位:mm)

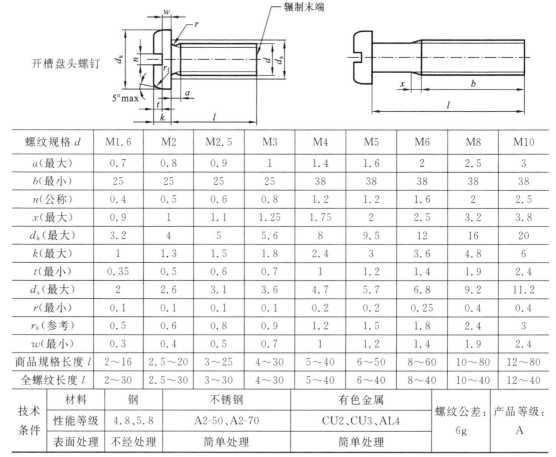

开槽盘头螺钉

螺纹规格 d	M1.6	M2	M2.5	M3	M4	M5	M6	M8	M10
a(最大)	0.7	0.8	0.9	1	1.4	1.6	2	2.5	3
b(最小)	25	25	25	25	38	38	38	38	38
n(公称)	0.4	0.5	0.6	0.8	1.2	1.2	1.6	2	2.5
x(最大)	0.9	1	1.1	1.25	1.75	2	2.5	3.2	3.8
d_k(最大)	3.2	4	5	5.6	8	9.5	12	16	20
k(最大)	1	1.3	1.5	1.8	2.4	3	3.6	4.8	6
t(最小)	0.35	0.5	0.6	0.7	1	1.2	1.4	1.9	2.4
d_a(最大)	2	2.6	3.1	3.6	4.7	5.7	6.8	9.2	11.2
r(最小)	0.1	0.1	0.1	0.1	0.2	0.2	0.25	0.4	0.4
r_8(参考)	0.5	0.6	0.7	0.9	1.2	1.5	1.8	2.4	3
w(最小)	0.3	0.4	0.5	0.7	1	1.2	1.4	1.9	2.4
商品规格长度 l	2～16	2.5～20	3～25	4～30	5～40	6～50	8～60	10～80	12～80
全螺纹长度 l	2～30	2.5～30	3～30	4～30	5～40	6～40	8～40	10～40	12～40

技术条件	材料	钢	不锈钢	有色金属	螺纹公差：6g	产品等级：A
	性能等级	4.8、5.8	A2-50、A2-70	CU2、CU3、AL4		
	表面处理	不经处理	简单处理	简单处理		

注　标记示例:螺纹规格 d=M5、公称长度 l=20 mm、性能等级为 4.8 级、不经表面处理的开槽圆柱头螺钉,标记为螺钉 GB/T 65 M5×20

3. 螺母

表 9-38　Ⅰ型六角螺母(摘自 GB/T 6170—2000)、六角薄螺母(摘自 GB/T 6172.1—2000)

（单位：mm）

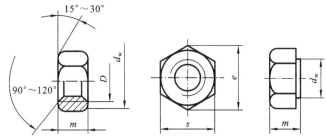

标记示例:

螺纹规格 D＝M12、性能等级为 8 级、

不经表面处理的

A 级Ⅰ型六角螺母标记为

螺母　GB/T 6170 M12

螺纹规格 D＝M12、性能等级为 04 级、

不经表面处理的 A 级六角薄螺母标记为

螺母　GB/T 6172.1 M12

螺纹规格 D		M1.6	M2	M2.5	M3	M3.5	M4	M5	M6	M8	M10	M12	(M14)	M16	(M18)	M20	(M22)	M24	(M27)	M30	M36
e(最小)		3.4	4.3	5.5	6	6.6	7.7	8.8	11	14.4	17.8	20	23.4	26.8	29.6	33	37.3	39.6	45.2	50.9	60.8
s(公称)		3.2	4	5	5.5	6	7	8	10	13	16	18	21	24	27	30	34	36	41	46	55
d_w(最小)		2.4	3.1	4.1	4.6	5.1	5.9	6.9	8.9	11.6	14.6	16.6	19.6	22.5	24.9	27.7	31.4	33.3	38	42.8	51.1
m (最大)	GB/T 6170	1.3	1.6	2	2.4	2.8	3.2	4.7	5.2	6.8	8.4	10.8	12.8	14.8	15.8	18	19.4	21.5	23.8	25.6	31
	GB/T 6172.1	1	1.2	1.6	1.8	2	2.2	2.7	3.2	4	5	6	7	8	9	10	11	12	13.5	15	18
每 1000 个的质量/kg	GB/T 6170	0.05	0.09	0.2	0.27	0.36	0.58	1.05	1.95	4.22	7.94	11.93	18.89	29	36.87	51.55	73.85	88.8	132.4	184.4	317
	GB/T 6172.1	0.03	0.07	0.15	0.2	0.26	0.39	0.58	1.15	2.43	4.64	6.56	10.03	15.26	20.56	27.76	40.43	47.92	72.97	105.5	182.5

技术条件	材料	性能等级		公差等级	表面处理	产品等级
	钢	六角螺母 6,8,10		6H	不经处理	A 级用于 D≤M16 的螺母
		薄螺母 04,05				B 级用于 D＞M16 的螺母

注　尽可能不使用括号内的规格。

4. 垫圈

表 9-39　小垫圈　　　　　　　　　　　　（单位：mm）

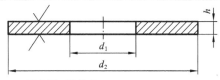

Ra 1.6 μm用于h≤3 mm的情况
Ra 3.2 μm用于h＞3 mm的情况
适用于小垫圈A级

平垫圈A级(摘自 GB/T 97.1—2002)
小垫圈A级(摘自 GB/T 848—2002)

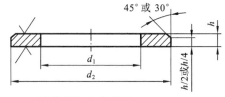

Ra 1.6 μm用于h≤3 mm的情况
Ra 3.2 μm用于3 mm＜h≤6 mm的情况
Ra 6.5 μm用于h＞6 mm的情况

平垫圈倒角型A级(摘自 GB/T 97.2—2002)　适用于平垫圈(A级)和平垫圈倒角型(A级)

规格 （螺纹大径）	GB/T 848			GB/T 97.1			GB/T 97.2		
	内径 d_1	外径 d_2	厚度 h	内径 d_1	外径 d_2	厚度 h	内径 d_1	外径 d_2	厚度 h
1.6	1.7	3.5	0.3	1.7	4	0.3	—	—	—
2	2.2	4.5	0.3	2.2	5	0.3	—	—	—
2.5	2.7	5	0.5	2.7	6	0.5	—	—	—

续表

规格 (螺纹大径)	GB/T 848			GB/T 97.1			GB/T 97.2		
	内径 d_1	外径 d_2	厚度 h	内径 d_1	外径 d_2	厚度 h	内径 d_1	外径 d_2	厚度 h
3	3.2	6	0.5	3.2	7	0.5	—	—	—
4	4.3	8	0.5	4.3	9	0.8	—	—	—
5	5.3	9	1	5.3	10	1	5.3	10	1
6	6.4	11	1.6	6.4	12	1.6	6.4	12	1.6
8	8.4	15	1.6	8.4	16	1.6	8.4	16	1.6
10	10.5	18	1.6	10.5	20	2	10.5	20	2
12	13	20	2	13	24	2.5	13	24	2.5
16	17	28	2.5	17	30	3	17	30	3
20	21	34	3	21	37	3	21	37	3
24	25	39	4	25	44	4	25	44	4
30	31	50	4	31	56	4	31	56	4
36	37	60	5	37	66	5	37	66	5

注　标记示例：小系列(或标准系列)、公称规格为 8 mm、由钢制造的硬度等级为 200HV 级、不经表面处理、产品等级为 A 级的平垫圈标记为

垫圈 GB/T 848 8 (或垫圈 GB/T 97.1 8,或垫圈 GB/T 97.2 8)

表 9-40　标准型弹簧垫圈(摘自 GB/T 93—1987)、轻型弹簧垫圈(摘自 GB/T 859—1987)

(单位:mm)

规格 (螺纹 大径)	d (最小)	GB/T 93			GB/T 859			
		$S(b)$ (公称)	H (最大)	$m\leqslant$	S (公称)	b (公称)	H (最大)	$m\leqslant$
2	2.1	0.5	1.25	0.25	—	—	—	—
2.5	2.6	0.65	1.63	0.33	—	—	—	—
3	3.1	0.8	2	0.4	0.6	1	1.5	0.3
4	4.1	1.1	2.75	0.55	0.8	1.2	2	0.4
5	5.1	1.3	3.25	0.65	1.1	1.5	2.75	0.55
6	6.1	1.6	4	0.8	1.3	2	3.25	0.65
8	8.1	2.1	5.25	1.05	1.6	2.5	4	0.8
10	10.2	2.6	6.5	1.3	2	3	5	1
12	12.2	3.1	7.75	1.55	2.5	3.5	6.25	1.25
(14)	14.2	3.6	9	1.8	3	4	7.5	1.5
16	16.2	4.1	10.25	2.05	3.2	4.5	8	1.6
(18)	18.2	4.5	11.25	2.25	3.6	5	9	1.8
20	20.2	5	12.5	2.5	4	5.5	10	2
(22)	22.5	5.5	13.75	2.75	4.5	6	11.25	2.25
24	24.5	6	15	3	5	7	12.5	2.5
(27)	27.5	6.8	17	3.4	5.5	8	13.75	2.75
30	30.5	7.5	18.75	3.75	6	9	15	3
(33)	33.5	8.5	21.25	4.25	—	—	—	—
36	36.5	9	22.5	4.5	—	—	—	—

注　(1) 尽可能不采用括号内规格。

(2) 标记示例:规格为 16 mm、材料为 65Mn、表面氧化处理的标准型(或轻型)弹簧垫圈标记为

垫圈 GB/T 93 16 (或 GB/T 859 16)

5. 轴端挡圈

表 9-41 螺栓紧固轴端挡圈(摘自 GB/T 892—1986) （单位:mm）

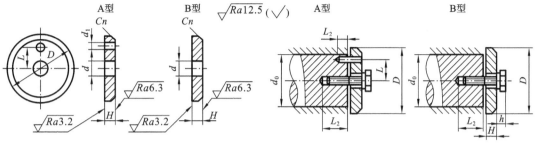

轴径	公称	H		L					GB/T 892			安装尺寸		
d_0 ≤	直径 D	基本尺寸	极限偏差	基本尺寸	极限偏差	d	d_1	C	螺栓 GB/T 5783 (推荐)	圆柱销 GB/T 119 (推荐)	垫圈 GB/T 93 (推荐)	L_1	L_2	b
14	20	4		—										
16	22	4		—										
18	25	4		—		5.5	2.1	0.5	M5×16	A2×10	5	6	16	5.1
20	28	4		7.5										
22	30	4		7.5	±0.110									
25	32	5		10										
28	35	5		10										
30	38	5	0 −0.30	10		6.6	3.2	1	M6×20	A3×12	6	7	20	6
32	40	5		12										
35	45	5		12										
40	50	5		12	±0.135									
45	55	6		16										
50	60	6		16										
55	65	6		16		9	4.2	1.5	M8×25	A4×14	8	8	24	8
60	70	6		20										
65	75	6		20										
70	80	6		20	±0.165									
75	90	8	0 −0.36	25		13	5.2	2	M12×30	A5×16	12	10	28	11.5
85	100	8		25										

注 (1) 材料 Q235-A、35、45 钢。

(2) 标记示例:公称直径 $D=45$ mm,材料为 Q235-A,不经表面处理的 A 型螺栓紧固轴端挡圈标记为

挡圈 GB/T 892—86—45。

按 B 型制造时,应加标记 B,如挡圈 GB/T 892—86 B 45。

9.8　公差、配合及表面粗糙度

9.8.1　极限与配合

1. 代号及标准公差值

表 9-42　标准公差、基本偏差代号及配合

名　　称		代　　号		
标准公差		IT1,IT2,…,IT18 共分 18 级		
基本偏差	孔	A,B,C,CD,D,E,EF,F,FG,G,H,J,JS,K,M,N,P,R,S,T,U,V,X,Y,Z,ZA,ZB,ZC		
	轴	a,b,c,cd,d,e,ef,f,fg,g,h,j,js,k,m,n,p,r,s,t,u,v,x,y,z,za,zb,zc		
配合种类	基孔制 H		基轴制 h	说　　明
间隙配合	a,b,c,cd,d,e,ef,f,fg,g,h		A,B,C,CD,D,E,EF,F,FG,G,H	间隙依次渐小
过渡配合	j,js,k,m,n		J,JS,K,M,N	依次渐紧
过盈配合	p,r,s,t,u,v,x,y,z,za,zb,zc		P,R,S,T,U,V,X,Y,Z,ZA,ZB,ZC	依次渐紧

表 9-43　公称尺寸至 500 mm 的标准公差数值(摘自 GB/T 1800.1—2009)

公称尺寸 /mm	标准公差等级																	
	IT1	IT2	IT3	IT4	IT5	IT6	IT7	IT8	IT9	IT10	IT11	IT12	IT13	IT14	IT15	IT16	IT17	IT18
	μm											mm						
≤3	0.8	1.2	2	3	4	6	10	14	25	40	60	0.10	0.14	0.25	0.40	0.60	1.0	1.4
>3～6	1	1.5	2.5	4	5	8	12	18	30	48	75	0.12	0.18	0.30	0.48	0.75	1.2	1.8
>6～10	1	1.5	2.5	4	6	9	15	22	36	58	90	0.15	0.22	0.36	0.58	0.90	1.5	2.2
>10～18	1.2	2	3	5	8	11	18	27	43	70	110	0.18	0.27	0.43	0.70	1.10	1.8	2.7
>18～30	1.5	2.5	4	6	9	13	21	33	52	84	130	0.21	0.33	0.52	0.84	1.30	2.1	3.3
>30～50	1.5	2.5	4	7	11	16	25	39	62	100	160	0.25	0.39	0.62	1.00	1.60	2.5	3.9
>50～80	2	3	5	8	13	19	30	46	74	120	190	0.30	0.46	0.74	1.20	1.90	3.0	4.6
>80～120	2.5	4	6	10	15	22	35	54	87	140	220	0.35	0.54	0.87	1.40	2.20	3.5	5.4
>120～180	3.5	5	8	12	18	25	40	63	100	160	250	0.40	0.63	1.00	1.60	2.50	4.0	6.3
>180～250	4.5	7	10	14	20	29	46	72	115	185	290	0.46	0.72	1.15	1.85	2.90	4.6	7.2
>250～315	6	8	12	16	23	32	52	81	130	210	320	0.52	0.81	1.30	2.10	3.20	5.2	8.1
>315～400	7	9	13	18	25	36	57	89	140	230	360	0.57	0.89	1.40	2.30	3.60	5.7	8.9
>400～500	8	10	15	20	27	40	63	97	155	250	400	0.63	0.97	1.55	2.50	4.00	6.3	9.7

注　公称尺寸小于或等于 1 mm 时,无 IT14 至 IT18。

2. 轴与孔的极限偏差

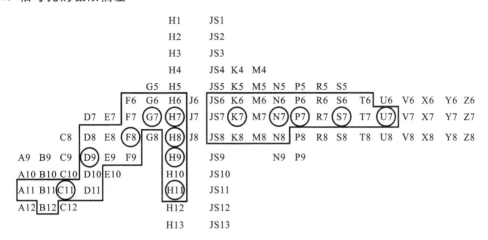

图 9-3 公称尺寸至 200 mm 的孔常用、优先公差带(摘自 GB/T 1801—2009)

表 9-44 孔的极限偏差(摘自 GB/T 1800.2—2009) （单位:μm）

公称尺寸 /mm	公 差 带									
	C	D		E	F		G	H		
	11▲	9▲	11	9	8▲	9	7▲	6	7▲	8▲
～3	+120 +60	+45 +20	+80 +20	+39 +14	+20 +6	+31 +6	+12 +2	+6 0	+10 0	+14 0
>3～6	+145 +70	+60 +30	+105 +30	+50 +20	+28 +10	+40 +10	+16 +4	+8 0	+12 0	+18 0
>6～10	+170 +80	+76 +40	+130 +40	+61 +25	+35 +13	+49 +13	+20 +5	+9 0	+15 0	+22 0
>10～14 >14～18	+205 +95	+93 +50	+160 +50	+75 +32	+43 +16	+59 +16	+24 +6	+11 0	+18 0	+27 0
>18～24 >24～30	+240 +110	+117 +65	+195 +65	+92 +40	+53 +20	+72 +20	+28 +7	+13 0	+21 0	+33 0
>30～40 >40～50	+280 +120 +290 +130	+142 +80	+240 +80	+112 +50	+64 +25	+87 +25	+34 +9	+16 0	+25 0	+39 0
>50～65 >65～80	+330 +140 +340 +150	+174 +100	+290 +100	+134 +60	+76 +30	+104 +30	+40 +10	+19 0	+30 0	+46 0
>80～100 >100～120	+390 +170 +400 +180	+207 +120	+340 +120	+159 +72	+90 +36	+123 +36	+47 +12	+22 0	+35 0	+54 0
>120～140 >140～160 >160～180	+450 +200 +460 +210 +480 +230	+245 +145	+395 +145	+185 +85	+106 +43	+143 +43	+54 +14	+25 0	+40 0	+63 0
>180～200	+530 +240	+285 +170	+460 +170	+215 +100	+122 +50	+165 +50	+61 +15	+29 0	+46 0	+72 0

公称尺寸 /mm	公差带									
	H			J	JS	K	N	P	S	U
	9▲	10	11▲	7*	7	7▲	7▲	7▲	7▲	7▲
～3	+25 0	+40 0	+60 0	+4 −6	±5	0 −10	−4 −14	−6 −16	−14 −24	−18 −28
>3～6	+30 0	+48 0	+75 0	±6	±6	+3 −9	−4 −16	−8 −20	−15 −27	−19 −31
>6～10	+36 0	+58 0	+90 0	+8 −7	±7	+5 −10	−4 −19	−9 −24	−17 −32	−22 −37
>10～14	+43 0	+70 0	+110 0	+10 −8	±9	+6 −12	−5 −23	−11 −29	−21 −39	−26 −44
>14～18										
>18～24	+52 0	+84 0	+130 0	+12 −9	±10	+6 −15	−7 −28	−14 −35	−27 −48	−33 −54
>24～30										
>30～40	+62 0	+100 0	+160 0	+14 −11	±12	+7 −18	−8 −33	−17 −42	−34 −59	−40 −61
>40～50										
>50～65	+74 0	+120 0	+190 0	+18 −12	±15	+9 −21	−9 −39	−21 −51	−42 −72	−51 −76
>65～80									−48 −78	−61 −86
>80～100	+87 0	+140 0	+220 0	+22 −13	±17	+10 −25	−10 −45	−24 −59	−58 −93	−76 −106
>100～120									−66 −101	−91 −121
>120～140	+100 0	+160 0	+250 0	+26 −14	±20	+12 −28	−12 −52	−28 −68	−77 −117	−111 −146
>140～160									−85 −125	−131 −166
>160～180									−93 −133	−155 −195
>180～200	+115 0	+185 0	+290 0	+30 −16	±23	+13 −33	−14 −60	−33 −79	−105 −151	−175 −215

注:标▲的为优先公差带,标＊的为一般公差带,其余为常用公差带。

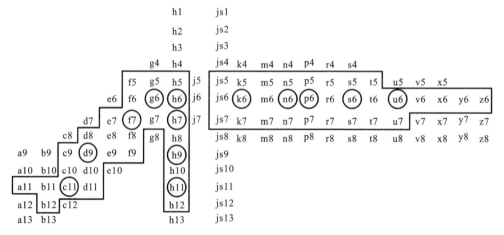

图 9-4　公称尺寸至 200 mm 的轴常用、优先公差带(摘自 GB/T 1801—2009)

表 9-45　轴的极限偏差(摘自 GB/T 1800.2—2009)　　　　　　　　(单位:μm)

公称尺寸 /mm	公 差 带									
	c	d			f			g	h	
	11▲	9▲	10	11	7▲	8	9	6▲	6▲	7▲
～3	−60 −120	−20 −45	−20 −60	−20 −80	−6 −16	−6 −20	−6 −31	−2 −8	0 −6	0 −10
>3～6	−70 −145	−30 −60	−30 −78	−30 −105	−10 −22	−10 −28	−10 −40	−4 −12	0 −8	0 −12
>6～10	−80 −170	−40 −76	−40 −98	−40 −130	−13 −28	−13 −35	−13 −49	−5 −14	0 −9	0 −15
>10～14	−95 −205	−50 −93	−50 −120	−50 −160	−16 −34	−16 −43	−16 −59	−6 −17	0 −11	0 −18
>14～18										
>18～24	−110 −240	−65 −117	−65 −149	−65 −195	−20 −41	−20 −53	−20 −72	−7 −20	0 −13	0 −21
>24～30										
>30～40	−120 −280	−80 −142	−80 −180	−80 −240	−25 −50	−25 −64	−25 −87	−9 −25	0 −16	0 −25
>40～50	−130 −290									
>50～65	−140 −330	−100 −174	−100 −220	−100 −290	−30 −60	−30 −76	−30 −104	−10 −29	0 −19	0 −30
>65～80	−150 −340									
>80～100	−170 −390	−120 −207	−120 −260	−120 −340	−36 −71	−36 −90	−36 −123	−12 −34	0 −22	0 −35
>100～120	−180 −400									
>120～140	−200 −450	−145 −245	−145 −305	−145 −395	−43 −83	−43 −106	−43 −143	−14 −39	0 −25	0 −40
>140～160	−210 −460									
>160～180	−230 −480									
>180～200	−240 −530	−170 −285	−170 −355	−170 −460	−50 −96	−50 −122	−50 −165	−15 −44	0 −29	0 −46

公称尺寸 /mm	公 差 带											
	h				js	k		m	n	p	s	u
	8	9▲	10	11▲	6	6▲	7	6	6▲	6▲	6▲	6▲
～3	0 −14	0 −25	0 −40	0 −60	±3	+6 0	+10 0	+8 +2	+10 +4	+12 +6	+20 +14	+24 +18
>3～6	0 −18	0 −30	0 −48	0 −75	±4	+9 +1	+3 +1	+12 +4	+16 +8	+20 +12	+27 +19	+31 +23
>6～10	0 −22	0 −36	0 −58	0 −90	±4.5	+10 +1	+16 +1	+15 +6	+19 +10	+24 +15	+32 +23	+37 +28
>10～14	0 −27	0 −43	0 −70	0 −110	±5.5	+12 +1	+19 +1	+18 +7	+23 +12	+29 +18	+39 +28	+44 +33
>14～18												
>18～24	0 −33	0 −52	0 −84	0 −130	±6.5	+15 +2	+23 +2	+21 +8	+28 +15	+35 +22	+48 +35	+54 +41
>24～30												+61 +48

续表

公称尺寸/mm	公差带											
	h				js	k		m	n	p	s	u
	8	9▲	10	11▲	6	6▲	7	6	6▲	6▲	6▲	6▲
>30~40	0 −39	0 −62	0 −100	0 −160	±8	+18 +2	+27 +2	+25 +9	+33 +17	+42 +26	+59 +43	+76 +60
>40~50												+86 +70
>50~65	0 −46	0 −74	0 −120	0 −190	±9.5	+21 +2	+32 +2	+30 +11	+39 +20	+51 +32	+72 +53	+106 +87
>65~80											+78 +59	+121 +102
>80~100	0 −54	0 −87	0 −140	0 −220	±11	+25 +3	+38 +3	+35 +13	+45 +23	+59 +37	+93 +71	+146 +124
>100~120											+101 +79	+166 +144
>120~140	0 −63	0 −100	0 −160	0 −250	±12.5	+28 +3	+43 +3	+40 +15	+52 +27	+68 +43	+117 +92	+195 +170
>140~160											+125 +100	+215 +190
>160~180											+133 +108	+235 +210
>180~200	0 −72	0 −115	0 −185	0 −290	±14.5	+33 +4	+50 +4	+46 +17	+60 +31	+79 +50	+151 +122	+265 +236

注　标▲的为优先公差带，其余为常用公差带。

3. 配合的选择

表 9-46　轴的各种基本偏差的应用说明

配合种类	基本偏差	配合特性及应用
间隙配合	a,b	可得到特别大的间隙，很少应用
	c	可得到很大的间隙，一般适用于转动缓慢、较松的动配合；用于工作条件较差（如农业机械），受力变形，或为了便于装配而必须保证有较大的间隙时；推荐配合为 H11/c11，其较高级的配合，如 H8/c7 适用于轴在高温时工作的紧密动配合，例如内燃机排气阀和导管
	d	配合一般用于 IT7～IT11 级，适用于松的转动配合，如密封盖、滑轮、空转带轮等与轴的配合；也适用于大直径滑动轴承配合，如透平机、球磨机、轧滚成形和重型弯曲机及其他重型机械中的一些滑动支承
	e	多用于 IT7～IT9 级，通常适用于要求有明显间隙、易于转动的支承配合，如大跨距、多支点支承等；高等级的 e 轴适用于大型、高速、重载场合下的支承配合，如涡轮发电机、大型电动机、内燃机、凸轮轴及摇臂支承等
	f	多用于 IT6～IT8 级的一般转动配合；当温度影响不大时，被广泛用于普通润滑油（或润滑脂）润滑的支承，如齿轮箱、小电动机、泵等的转轴与滑动支承的配合
	g	配合间隙很小，制造成本高，除很轻载荷的精密装置外，不推荐用于转动配合；多用于 IT5～IT7 级，最适合不回转的精密滑动配合，也用于插销等定位配合，如精密连杆轴承、活塞、滑阀及连杆销等
	h	多用于 IT4～IT11 级；广泛用于无相对转动的零件，作为一般的定位配合；若没有温度、变形的影响，也用于精密滑动配合

配合种类	基本偏差	配合特性及应用
过渡配合	js	为完全对称偏差($\pm$IT/2)，平均为稍有间隙的配合，多用于 IT4～IT7 级，要求间隙比 h 轴小，并允许略有过盈的定位配合，如联轴器，可用手或木槌装配
	k	平均为没有间隙的配合，适用于 IT4～IT7 级，推荐用于稍有过盈的定位配合，例如，为了消除振动用的定位配合，一般用木槌装配
	m	平均为具有小过盈的过渡配合；适用于 IT4～IT7 级，一般用木槌装配，但在最大过盈时，要求相当的压入力
	n	平均过盈比 m 轴稍大，很少得到间隙，适用于 IT4～IT7 级，用锤子或压力机装配，通常推荐用于紧密的组件配合；H6/n5 配合时为过盈配合
过盈配合	p	与 H6 孔或 H7 孔配合时是过盈配合，与 H8 孔配合时则为过渡配合；对非铁类零件，为较轻的压入配合，当需要时易于拆卸，对钢、铸铁或铜、钢组件装配，是标准的压入配合
	r	对铁类零件，为中等打入配合；对非铁类零件，为轻打入配合，当需要时可以拆卸；与 H8 孔配合，直径在 100 mm 以上时为过盈配合，直径小时为过渡配合
	s	用于钢和铁制零件的永久性和半永久性装配，可产生相当大的结合力；当用弹性材料，如轻金属时，配合性质与铁类零件的 p 轴相当，例如套环压装在轴上、阀座与机体的配合等。尺寸较大时，为了避免损伤配合表面，需用热胀或冷缩法装配
	t、u、v、x、y、z	过盈量依次增大，一般不推荐采用

表 9-47　基孔制优先、常用配合(摘自 GB/T 1801—2009)

基准孔	轴																				
	a	b	c	d	e	f	g	h	js	k	m	n	p	r	s	t	u	v	x	y	z
	间隙配合								过渡配合			过盈配合									
H6						$\dfrac{H6}{f5}$	$\dfrac{H6}{g5}$	$\dfrac{H6}{h5}$	$\dfrac{H6}{js5}$	$\dfrac{H6}{k5}$	$\dfrac{H6}{m5}$	$\dfrac{H6}{n5}$	$\dfrac{H6}{p5}$	$\dfrac{H6}{r5}$	$\dfrac{H6}{s5}$	$\dfrac{H6}{t5}$					
H7						$\dfrac{H7}{f6}$	$\dfrac{H7}{g6}$	$\dfrac{H7}{h6}$	$\dfrac{H7}{js6}$	$\dfrac{H7}{k6}$	$\dfrac{H7}{m6}$	$\dfrac{H7}{n6}$	$\dfrac{H7}{p6}$	$\dfrac{H7}{r6}$	$\dfrac{H7}{s6}$	$\dfrac{H7}{t6}$	$\dfrac{H7}{u6}$	$\dfrac{H7}{v6}$	$\dfrac{H7}{x6}$	$\dfrac{H7}{y6}$	$\dfrac{H7}{z6}$
H8				$\dfrac{H8}{e7}$	$\dfrac{H8}{f7}$	$\dfrac{H8}{g7}$		$\dfrac{H8}{h7}$	$\dfrac{H8}{js7}$	$\dfrac{H8}{k7}$	$\dfrac{H8}{m7}$	$\dfrac{H8}{n7}$	$\dfrac{H8}{p7}$	$\dfrac{H8}{r7}$	$\dfrac{H8}{s7}$	$\dfrac{H8}{t7}$	$\dfrac{H8}{u7}$				
				$\dfrac{H8}{d8}$	$\dfrac{H8}{e8}$	$\dfrac{H8}{f8}$		$\dfrac{H8}{h8}$													
H9			$\dfrac{H9}{c9}$	$\dfrac{H9}{d9}$	$\dfrac{H9}{e9}$	$\dfrac{H9}{f9}$		$\dfrac{H9}{h9}$													
H10			$\dfrac{H10}{c10}$	$\dfrac{H10}{d10}$				$\dfrac{H10}{h10}$													
H11	$\dfrac{H11}{a11}$	$\dfrac{H11}{b11}$	$\dfrac{H11}{c11}$	$\dfrac{H11}{d11}$				$\dfrac{H11}{h11}$													
H12		$\dfrac{H12}{b12}$						$\dfrac{H12}{h12}$													

注　(1) $\dfrac{H6}{n5}$、$\dfrac{H7}{p6}$ 在公称尺寸小于或等于 3 mm，$\dfrac{H8}{r7}$ 在小于或等于 100 mm 时，为过渡配合。

　　(2) 标注 ► 的配合为优先配合。

表 9-48　基轴制优先、常用配合(摘自 GB/T 1801—2009)

基准轴	孔																				
	A	B	C	D	E	F	G	H	JS	K	M	N	P	R	S	T	U	V	X	Y	Z
	间隙配合								过渡配合				过盈配合								
h5					$\frac{F6}{h5}$		$\frac{G6}{h5}$	$\frac{H6}{h5}$	$\frac{JS6}{h5}$	$\frac{K6}{h5}$	$\frac{M6}{h5}$	$\frac{N6}{h5}$	$\frac{P6}{h5}$	$\frac{R6}{h5}$	$\frac{S6}{h5}$	$\frac{T6}{h5}$					
h6					$\frac{F7}{h6}$		$\frac{G7}{h6}$	$\frac{H7}{h6}$	$\frac{JS7}{h6}$	$\frac{K7}{h6}$	$\frac{M7}{h6}$	$\frac{N7}{h6}$	$\frac{P7}{h6}$	$\frac{R7}{h6}$	$\frac{S7}{h6}$	$\frac{T7}{h6}$	$\frac{U7}{h6}$				
h7					$\frac{E8}{h7}$	$\frac{F8}{h7}$		$\frac{H8}{h7}$	$\frac{JS8}{h7}$	$\frac{K8}{h7}$	$\frac{M8}{h7}$	$\frac{N8}{h7}$									
h8				$\frac{D8}{h8}$	$\frac{E8}{h8}$	$\frac{F8}{h8}$		$\frac{H8}{h8}$													
h9				$\frac{D9}{h9}$	$\frac{E9}{h9}$	$\frac{F9}{h9}$		$\frac{H9}{h9}$													
h10				$\frac{D10}{h10}$				$\frac{H10}{h10}$													
h11	$\frac{A11}{h11}$	$\frac{B11}{h11}$	$\frac{C11}{h11}$	$\frac{D11}{h11}$				$\frac{H11}{h11}$													
h12		$\frac{B12}{h12}$						$\frac{H12}{h12}$													

注　标注 ► 的配合为优先配合。

9.8.2　几何公差

1. 几何公差的几何特征、符号及附加符号

表 9-49　几何特征符号及附加符号(摘自 GB/T 1182—2008)

公差类型	几何特征	符　号	有无基准
形状公差	直线度	―	无
	平面度	▱	无
	圆度	○	无
	圆柱度	⌀	无
方向公差	平行度	∥	有
	垂直度	⊥	有
	倾斜度	∠	有

续表

公 差 类 型	几 何 特 征	符　　号	有 无 基 准
位置公差	位置度	⊕	有或无
	同心度 （用于中心点）	◎	有
	同轴度 （用于轴线）	◎	有
	对称度	＝	有
跳动公差	圆跳动	∕	有
	全跳动	∕∕	有

说　　　明	符　　　号
被测要素	
基准要素	A　　A

表 9-50　基准标注示例(摘自 GB/T 17851—2010)

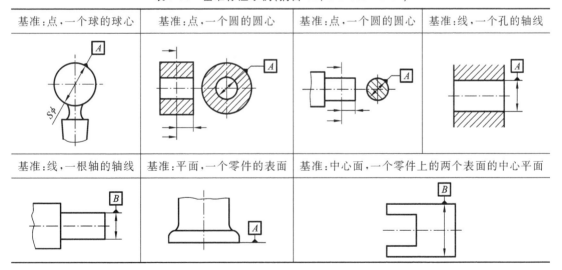

基准:点,一个球的球心	基准:点,一个圆的圆心	基准:点,一个圆的圆心	基准:线,一个孔的轴线
基准:线,一根轴的轴线	基准:平面,一个零件的表面	基准:中心面,一个零件上的两个表面的中心平面	

2. 几何公差值

表 9-51　直线度、平面度公差值(摘自 GB/T 1184—1996)　　　　　（单位：μm）

主参数 L 图例

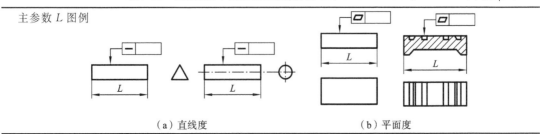

（a）直线度　　　　　　　　　　　　　　（b）平面度

续表

公差等级	主参数 L/mm											应用举例
	≤10	>10~16	>16~25	>25~40	>40~63	>63~100	>100~160	>160~250	>250~400	>400~630	>630~1000	
5	2	2.5	3	4	5	6	8	10	12	15	20	用于1级平板,2级宽平尺,平面磨床的纵导轨、垂直导轨、立柱导轨和平面磨床的工作台,液压龙门刨床导轨,六角车床床身导轨,柴油机进、排气门导杆等
	Ra　0.2　　　0.2　　　　　0.8											
6	3	4	5	6	8	10	12	15	20	25	30	用于普通车床床身导轨,龙门刨床导轨,滚齿机立柱导轨、床身导轨及工作台,自动车床床身导轨,平面磨床垂直导轨,卧式镗床、铣床工作台,以及机床主轴箱导轨,柴油机进、排气门导杆,柴油机机体上部结合面等
	Ra　0.2　　　0.4　　　　　1.6											
7	5	6	8	10	12	15	20	25	30	40	50	用于2级平板,0.02 mm游标卡尺尺身,机床床头箱体,滚齿机床身导轨,镗床工作台,摇臂钻底座工作台,柴油机气门导杆,液压泵盖,压力机导轨及滑块
	Ra　0.4　　　0.8　　　　　1.6											
8	8	10	12	15	20	25	30	40	50	60	80	用于2级平板,车床溜板箱体,机床主轴箱体,机床传动箱体,自动车床底座,汽缸盖结合面,汽缸座,内燃机连杆分离面,减速器壳体的结合面
	Ra　0.8　　　0.8　　　　　3.2											
9	12	15	20	25	30	40	50	60	80	100	120	用于3级平板,机床溜板箱,立钻工作台,螺纹磨床的挂轮架,金相显微镜的载物台,柴油机汽缸体,连杆的分离面,缸盖的结合面、阀片、空气压缩机的缸体,柴油机缸孔环面及液压管件和法兰的结合面等
	Ra　1.6　　　1.6　　　　　3.2											
10	20	25	30	40	50	60	80	100	120	150	200	用于3级平板、自动车床床身底面、车床挂轮架、柴油机汽缸体、摩托车的曲轴箱体、汽车变速箱的壳体、汽车发动机缸盖结合面、阀片,以及辅助机构、手动机械的支承面
	Ra　1.6　　　3.2　　　　　6.3											

注　表中所列的表面粗糙度值和应用举例仅供参考。

表 9-52　圆度、圆柱度公差值(摘自 GB/T 1184—1996)　　　　　　(单位:μm)

主参数 $d(D)$ 图例

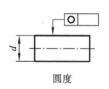

圆度

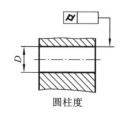

圆柱度

续表

公差等级	主参数 $d(D)$/mm									应用举例(参考)
	≤3	>3~6	>6~10	>10~18	>18~30	>30~50	>50~80	>80~120	>120~180	>180~250	
5	1.2	1.5	1.5	2	2.5	2.3	3	4	5	7	一般量仪主轴、测杆外圆、陀螺仪轴颈,一般机床主轴,较精密机床主轴箱孔、柴油机与汽油机活塞、活塞销孔,铣削动力头轴承箱座孔,高压空气压缩机十字头销、活塞等
6	2	2.5	2.5	3	4	4	5	6	8	10	仪表端盖外圆,一般机床主轴及箱孔,中等压力下液压装置工作面(包括泵、压缩机的活塞和汽缸),汽车发动机凸轮轴,纺机锭子,通用减速器轴颈,高速船用发动机曲轴、拖拉机曲轴,主轴颈,风动绞车曲轴
7	3	4	4	5	6	7	8	10	12	14	大功率低速柴油机曲轴、活塞、活塞销、连杆、汽缸,高速柴油机箱体孔,千斤顶或压力油缸活塞,液压传动系统的分配机构,机车传动轴,水泵及一般减速器轴颈
8	4	5	6	8	9	11	13	15	18	20	低速发动机、减速器、大功率曲柄轴轴颈,压气机连杆盖、体,拖拉机汽缸体、活塞,炼胶机冷铸轴辊,印刷机传墨辊,内燃机曲轴,柴油机机体孔,凸轮轴,拖拉机,小型船用柴油机汽缸套
9	6	8	9	11	13	16	19	22	25	29	空气压缩机缸体,通用机械杠杆与拉杆用套筒销子,拖拉机活塞环套筒孔,氧压机机座
10	10	12	15	18	21	25	30	35	40	46	印染机导布辊,绞车、吊车、起重机滑动轴承轴颈等
11	14	18	22	27	33	39	46	54	63	72	

注:表中所列的应用举例仅供参考。

表 9-53 同轴度、对称度、圆跳动和全跳动公差值(摘自 GB/T 1184—1996)(单位:μm)

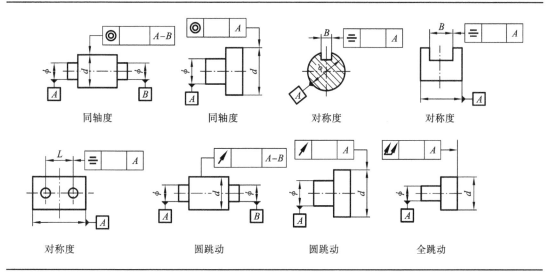

同轴度	同轴度	对称度	对称度
对称度	圆跳动	圆跳动	全跳动

公差等级	主参数 $d(D)$、B、L/mm										应用举例(参考)
	≤1	>1~3	>3~6	>6~10	>10~18	>18~30	>30~50	>50~120	>120~250	>250~500	
5	2.5	2.5	3	4	5	6	8	10	12	15	应用范围较广的精度等级,用于精度要求比较高,一般按尺寸公差等级 IT7 或 IT8 制造的零件。5 级常用于机床轴颈,测量仪器的测量杆汽轮机主轴,柱塞油泵转子,高精度滚动轴承外圈,一般精度滚动轴承内圈。6、7 级用于内燃机曲轴,凸轮轴轴颈,水泵轴,齿轮轴,汽车后桥输出轴,电动机转子,0 级精度滚动轴承内圈,印刷机传墨辊等
6	4	4	5	6	8	10	12	15	20	25	
7	6	6	8	10	12	15	20	25	30	40	
8	10	10	12	15	20	25	30	40	50	60	用于一般精度要求,通常按尺寸公差等级 IT9~IT11 制造的零件。8 级用于拖拉机发动机分配轴轴颈,9 级精度用于齿轮与轴的配合面,水泵叶轮,离心泵泵体,棉花精梳机前、后滚子。10 级用于摩托车活塞,印染机导布辊,内燃机活塞环槽底径对活塞中心,汽缸套外圆对内孔工作面等
9	15	20	25	30	40	50	60	80	100	120	
10	25	40	50	60	80	100	120	150	200	250	

注:表中所列的应用举例仅供参考。

表 9-54 平行度、垂直度和倾斜度公差值(摘自 GB/T 1184—1996)   (单位:μm)

主参数 L、$d(D)$图例

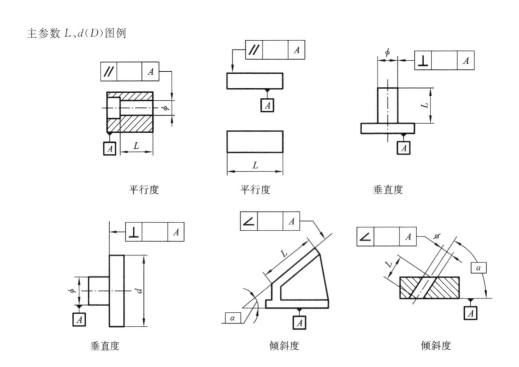

平行度   平行度   垂直度

垂直度   倾斜度   倾斜度

续表

公差等级	主参数 L、d(D)/mm											应用举例(参考)	
	≤10	>10~16	>16~25	>25~40	>40~63	>63~100	>100~160	>160~250	>250~400	>400~630	>630~1000	平行度	垂直度和倾斜度
4	3	4	5	6	8	10	12	15	20	25	30	普通机床、测量仪器、量具及模具的基准面和工作面,高精度轴承座圈、端盖、挡圈的端面。机床主轴孔对基准面的要求,重要轴承孔对基准面的要求,床头箱体重要孔间要求,一般减速器壳体孔之间的要求,齿轮泵的轴孔端面等	普通机床导轨,精密机床重要零件,机床重要支承面,普通机床主轴偏摆,发动机轴和离合器凸缘,汽缸的支承端面,装4、5级轴承的箱体的凸肩,测量仪器,液压传动轴瓦端面,蜗轮盘端面,刀、量具工作面和基准面等
5	5	6	8	10	12	15	20	25	30	40	50		
6	8	10	12	15	20	25	30	40	50	60	80	一般机床零件的工作面对基准面,压力机和锻锤的工作面,中等精度钻模的工作面,一般刀具、量具、模具。机床一般轴承面对基准面的要求,床头箱一般孔间要求,汽缸轴线,变速器箱孔,主轴花键对定心直径,重型机械轴承盖的端面,卷扬机、手动传动装置中的传动轴	低精度机床主要基准面和工作面,回转工作台端面,一般导轨,主轴箱体孔,刀架、砂轮架及工作台回转中心,机床轴肩,汽缸配合面对其轴线,活塞销孔对活塞中心线以及装6、0级轴承壳体孔的轴线等,压缩机汽缸配合面对汽缸镜面轴线的要求等
7	12	15	20	25	30	40	50	60	80	100	120		
8	20	25	30	40	50	60	80	100	120	150	200		
9	30	40	50	60	80	100	120	150	200	250	300	低精度零件,重型机械滚动轴承端盖,柴油机和煤气发动机的曲轴孔、轴颈等	花键轴轴肩端面、皮带运输机法兰盘等端面对轴心线,手动卷扬机及传动装置中轴承端面,减速器壳体平面等
10	50	60	80	100	120	150	200	250	300	400	500		

注:表中所列的应用举例仅供参考。

9.8.3　表面粗糙度

1. 表面结构的几何特征、符号及附加符号

表 9-55　表面结构符号及含义(摘自 GB/T 131—2006)

符　　号	含　　义
∨	基本图形符号,未指定工艺方法的表面,当通过一个注释解释时可单独使用
∨	扩展图形符号,用去除材料方法获得的表面,仅当其含义是"被加工表面"时可单独使用
∨	扩展图形符号,不去除材料的表面,也可用于表示保持上道工序形成的表面,不管这种状况是通过去除材料还是不去除材料形成的
铣 ∨	加工方法;铣削
∨ M	表面纹理,纹理呈多方向
∨	对投影视图上封闭的轮廓线所表示的各表面有相同的表面结构要求
3 ∨	加工余量 3 mm

位置 a　标注表面结构参数代号、极限值和传输带或取样长度。为了避免误解,在参数代号和极限值间应插入空格。传输带或取样长度后应有一斜线"/",之后是表面结构参数代号,最后是数值。

位置 a 和 b　注写两个或多个表面结构要求。在位置 a 注写第一个表面结构要求,在位置 b 注写第二个表面结构要求。如果要注写第三个或更多个表面结构要求,图形符号应在垂直方向上扩大。

位置 c　注写加工方法、表面处理、涂层或其他加工工艺要求等。如车、磨、镀等加工表面。

位置 d　注写表面纹理和方向。

位置 e　注写加工余量,以毫米为单位给出数值。

注　这里给出的加工方法、表面纹理和加工余量仅作为示例。

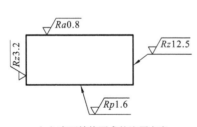

（a）表面结构要求的注写方向

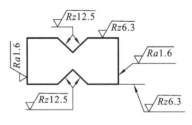

（b）表面结构要求在轮廓线上的标注

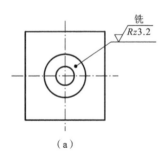

（a）

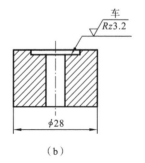

（b）

（c）用指引线引出标注表面结构要求

图 9-5　表面结构的标注位置与方向(摘自 GB/T 131—2006)

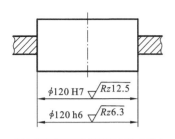

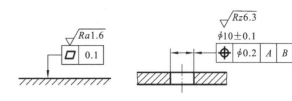

（d）表面结构要求标注在尺寸线上　　　　　　　（e）表面结构要求标注在几何公差框格的上方

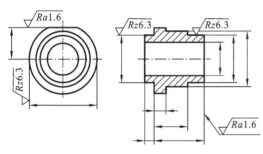

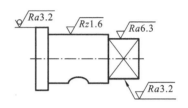

（f）表面结构要求标注在圆柱特征的延长线上　　　（g）圆柱和棱柱的表面结构要求的注法

续图 9-5

2. 表面粗糙度的选用

表 9-56　表面粗糙度选用举例

$Ra/\mu m$	表面状况	加 工 方 法	应 用 举 例
12.5	可见刀痕	粗车、刨、铣、钻	一般非结合表面,如轴的端面;倒角、齿轮及带轮侧面;键槽的非工作表面;减重孔眼表面
6.3	可见加工痕迹	车、镗、刨、铣、钻锉、磨、粗铰、铣齿	不重要零件的非配合表面,如支架、外壳、轴、盖等的端面;紧固件的自由表面;紧固件的通孔表面;不作为计量基准的齿轮顶圆表面等
3.2	微见加工痕迹	车、镗、刨、铣、拉磨、锉、铣齿	和其他零件连接不形成配合的表面,如箱体、外壳、端盖等零件的端面;键和键槽的工作表面;不重要的紧固螺纹表面
1.6	看不清加工痕迹	车、镗、刨、铣、铰拉、磨、铣齿	普通精度齿轮的齿面,定位销孔,V带轮的表面,轴承盖的定中心凸肩表面等
0.8	可辨加工痕迹的方向	车、镗、拉、磨、立铣	要求保证定心及配合特性的表面,如锥销与圆柱销的表面,与 G 级精度滚动轴承相配合的轴颈和外壳孔表面,与直径超过80 mm 的 E、D 级滚动轴承配合的轴颈及外壳孔表面,过盈配合IT7级的孔(H7),间隙配合IT8~IT9 级的孔(H8,H9)表面等

表 9-57　常用工作表面的表面粗糙度 Ra

		公差等级	表面	基本尺寸		
				50	>50～500	
配合表面		5	轴	0.2	0.4	
			孔	0.4	0.8	
		6	轴	0.4	0.8	
			孔	0.4～0.8	0.8～1.6	
		7	轴	0.4～0.8	0.8～1.6	
			孔	0.8	1.6	
		8	轴	0.8	1.6	
			孔	0.8～1.6	1.6～3.2	

		公差等级	表面	基本尺寸		
				50	>50～120	>120～500
过盈配合	压入装配	5	轴	0.1～0.2	0.4	0.4
			孔	0.2～0.4	0.8	0.8
		6～7	轴	0.4	0.8	1.6
			孔	0.8	1.6	1.6
		8	轴	0.8	0.8～1.6	1.6～3.2
			孔	1.6	1.6～3.2	1.6～3.2
	热装	—	轴	1.6		
			孔	1.6～3.2		

	类型	有垫片	无垫片
减速器箱体分界面	密封的	3.2～6.3	0.8～1.6
	不密封的	6.3～12.5	6.3～12.5

	类型		键	轴上键槽	毂上键槽
键结合	不动结合	工作面	3.2	1.6～3.2	1.6～3.2
		非工作面	6.3～12.5	6.3～12.5	6.3～12.5
	用导向键	工作面	1.6～3.2	1.6～3.2	1.6～3.2
		非工作面	6.3～12.5	6.3～12.5	6.3～12.5

	类型	精度等级							
		4	5	6	7	8	9	10	11
齿轮传动	直齿、斜齿齿面	0.2～0.4	0.2～0.4	0.4	0.4～0.8	1.6	3.2	6.3	6.3

倒角、倒圆、退刀槽等	3.2～12.5
螺栓、螺钉等用的通孔	25
箱体上的槽和凸起	12.5～25

9.9　渐开线直齿圆柱齿轮

9.9.1　齿轮规定画法

表 9-58　圆柱齿轮的规定画法

规定	(1) 齿顶圆和齿顶线用粗实线绘制。 (2) 分度圆和分度线用细点画线绘制。 (3) 齿根圆和齿根线用细实线绘制,也可省略不画;在剖视图中,齿根线用粗实线绘制。 (4) 表示齿轮一般用两个视图,或者用一个视图和一个局部视图。 (5) 在剖视图中,当剖切平面通过齿轮的轴线时,轮齿一律按不剖处理

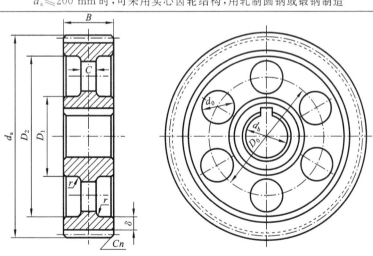

实心齿轮

$D_1 = 1.6 d_h$

$l = (1.2 \sim 1.5) d_h, l \geqslant b$

$\delta = 2.5 m_n$, 但不小于 $8 \sim 10$ mm

$n = 0.5 m_n$

$D_0 = 0.5(D_1 + D_2)$

$d_0 = 10 \sim 29$ mm, 当 d_a 较小时不钻孔

$d_a \leqslant 200$ mm 时,可采用实心齿轮结构,用轧制圆钢或锻钢制造

腹板式齿轮

$d_a \leqslant 500$ mm 时,常用锻钢或铸钢制成辐板式结构

$D_1 = 1.6 d_h$(锻造,铸钢)　$D_1 = 1.8 d_h$(铸铁)　$d_0 = 0.25(D_2 - D_1)$(铸造)　$D_2 = d_f - 2\delta$

$d_2 = 15 \sim 25$ mm(锻造)　$D_0 = (D_1 + D_2)/2$　$\delta = (2.5 \sim 4) m_n$,但不小于 $8 \sim 10$ mm

$C = (0.2 \sim 0.3)B$,模锻;$C = 0.3B$,自由锻;$C = 0.2B$,铸造,但不小于 10 mm

$r \approx 0.5C, n = 0.5 m_n$

注　公式中 m_n 为齿轮模数,B 为齿宽。

9.9.2 齿轮偏差值

表 9-59 中心距极限偏差值 （单位：μm）

齿轮精度等级		5～6	7～8	9～10
f_a		$\frac{1}{2}$IT7	$\frac{1}{2}$IT8	$\frac{1}{2}$IT9
齿轮副的中心距 a/mm	>6～10	7.5	11	18
	>10～18	9	13.5	21.5
	>18～30	10.5	16.5	26
	>30～50	12.5	19.5	31
	>50～80	15	23	37
	>80～120	17.5	27	43.5
	>120～180	20	31.5	50
	>180～250	23	36	57.5
	>250～315	26	40.5	65
	>315～400	28.5	44.5	70
	>400～500	31.5	48.5	77.5
	>500～630	35	55	87
	>630～800	40	62	100
	>800～1000	45	70	115

表 9-60　齿轮的 $\pm f_{pt}$、F_p 和 F_a 数值表（摘自 GB/T 10095.1—2008） （单位：μm）

分度圆直径 d /mm	模数 m /mm	精 度 等 级											
		6	7	8	9	6	7	8	9	6	7	8	9
		$\pm f_{pt}$/μm				F_p/μm				F_a/μm			
20<d≤50	0.5≤m≤2	7.0	10.0	14.0	20.0	20.0	29.0	41.0	57.0	7.5	10.0	15.0	21.0
	2<m≤3.5	7.5	11.0	15.0	22.0	21.0	30.0	42.0	59.0	10.0	14.0	20.0	29.0
	3.5<m≤6	8.5	12.0	17.0	24.0	22.0	31.0	44.0	62.0	12.0	18.0	25.0	35.0
50<d≤125	0.5≤m≤2	7.5	11.0	15.0	21.0	26.0	37.0	52.0	74.0	8.5	12.0	17.0	23.0
	2<m≤3.5	8.5	12.0	17.0	23.0	27.0	38.0	53.0	76.0	11.0	16.0	22.0	31.0
	3.5<m≤6	9.0	13.0	18.0	26.0	28.0	39.0	55.0	78.0	13.0	19.0	27.0	38.0
125<d≤280	0.5≤m≤2	8.5	12.0	17.0	24.0	35.0	49.0	69.0	98.0	10.0	14.0	20.0	28.0
	2<m≤3.5	9.0	13.0	18.0	26.0	35.0	50.0	70.0	100.0	13.0	18.0	25.0	36.0
	3.5<m≤6	10.0	14.0	20.0	28.0	36.0	51.0	72.0	102.0	15.0	21.0	30.0	42.0
280<d≤560	0.5≤m≤2	9.5	13.0	19.0	27.0	46.0	64.0	91.0	129.0	12.0	17.0	23.0	33.0
	2<m≤3.5	10.0	14.0	20.0	29.0	46.0	65.0	92.0	131.0	15.0	21.0	29.0	41.0
	3.5<m≤6	11.0	16.0	22.0	31.0	47.0	66.0	94.0	133.0	17.0	24.0	34.0	48.0

表 9-61　齿轮径向圆跳动公差 F_r（摘自 GB/T 10095.2—2008）　　　　　　（单位：μm）

分度圆直径 d/mm	法向模数 m_n/mm	精度等级				
		5	6	7	8	9
$20<d\leqslant50$	$2.0<m_n\leqslant3.5$	12	17	24	34	47
	$3.5<m_n\leqslant6.0$	12	17	25	35	49
$50<d\leqslant125$	$2.0<m_n\leqslant3.5$	15	21	30	43	61
	$3.5<m_n\leqslant6.0$	16	22	31	44	62
	$6.0<m_n\leqslant10$	16	23	33	46	65
$125<d\leqslant280$	$2.0<m_n\leqslant3.5$	20	28	40	56	80
	$3.5<m_n\leqslant6.0$	20	29	41	58	82
	$6.0<m_n\leqslant10$	21	30	42	60	85
$280<d\leqslant560$	$2.0<m_n\leqslant3.5$	26	37	52	74	105
	$3.5<m_n\leqslant6.0$	27	38	53	75	106
	$6.0<m_n\leqslant10$	27	39	55	77	109

表 9-62　公法线长度　　　　　　（单位：mm）

齿轮齿数 z	跨测齿数 k	公法线长度 W_k^*	齿轮齿数 z	跨测齿数 k	公法线长度 W_k^*	齿轮齿数 z	跨测齿数 k	公法线长度 W_k^*	齿轮齿数 z	跨测齿数 k	公法线长度 W_k^*	齿轮齿数 z	跨测齿数 k	公法线长度 W_k^*
			23	3	7.702 4	45	6	16.867 0	67	8	23.079 3	89	10	29.291 7
			24	3	7.716 5	46	6	16.881 0	68	8	23.093 3	90	11	32.257 9
			25	3	7.730 5	47	6	16.895 0	69	8	23.107 3	91	11	32.271 8
4	2	4.484 2	26	3	7.744 5	48	6	16.909 0	70	8	23.121 3	92	11	32.285 8
5	2	4.494 2	27	4	10.710 6	49	6	16.923 0	71	8	23.135 3	93	11	32.299 8
6	2	4.512 2	28	4	10.724 6	50	6	16.937 0	72	9	26.101 5	94	11	32.313 6
7	2	4.526 2	29	4	10.738 6	51	6	16.951 0	73	9	26.115 5	95	11	32.327 9
8	2	4.540 2	30	4	10.752 6	52	6	16.966 0	74	9	26.129 5	96	11	32.341 9
9	2	4.554 2	31	4	10.766 6	53	6	16.979 0	75	9	26.143 5	97	11	32.355 9
10	2	4.568 3	32	4	10.780 6	54	7	19.945 2	76	9	26.157 5	98	11	32.369 9
11	2	4.582 3	33	4	10.794 6	55	7	19.959 1	77	9	26.171 5	99	12	35.336 0
12	2	4.596 3	34	4	10.808 6	56	7	19.973 1	78	9	26.185 5	100	12	35.350 0
13	2	4.610 3	35	4	10.822 6	57	7	19.987 1	79	9	26.199 5	101	12	35.364 0
14	2	4.624 3	36	5	13.788 8	58	7	20.001 1	80	9	26.213 5	102	12	35.378 0
15	2	4.638 3	37	5	13.802 8	59	7	20.015 2	81	10	29.179 7	103	12	35.392 0
16	2	4.652 3	38	5	13.816 8	60	7	20.029 2	82	10	29.193 7	104	12	35.406 0
17	2	4.666 3	39	5	13.830 8	61	7	20.043 2	83	10	29.207 7	105	12	35.420 0
18	3	7.632 4	40	5	13.844 8	62	7	20.057 2	84	10	29.221 7	106	12	35.434 0
19	3	7.646 4	41	5	13.858 8	63	8	23.023 3	85	10	29.235 7	107	12	35.448 1
20	3	7.660 4	42	5	13.872 8	64	8	23.037 3	86	10	29.249 7	108	13	38.414 2
21	3	7.674 4	43	5	13.886 8	65	8	23.051 3	87	10	29.263 7	109	13	38.428 2
22	3	7.688 4	44	5	13.900 8	66	8	23.065 3	88	10	29.277 7	110	13	38.442 2

续表

齿轮齿数 z	跨测齿数 k	公法线长度 W_k^*	齿轮齿数 z	跨测齿数 k	公法线长度 W_k^*	齿轮齿数 z	跨测齿数 k	公法线长度 W_k^*	齿轮齿数 z	跨测齿数 k	公法线长度 W_k^*	齿轮齿数 z	跨测齿数 k	公法线长度 W_k^*
111	13	38.456 2	129	15	44.612 6	147	17	50.768 9	165	19	56.925 3	183	21	63.081 6
112	13	38.470 2	130	15	44.626 6	148	17	50.782 9	166	19	56.939 3	184	21	63.095 6
113	13	38.484 2	131	15	44.640 6	149	17	50.796 9	167	19	56.953 3	185	21	63.109 9
114	13	38.498 2	132	15	44.654 6	150	17	50.810 9	168	19	56.967 3	186	21	63.123 6
115	13	38.512 2	133	15	44.668 6	151	17	50.824 9	169	19	56.981 3	187	21	63.137 6
116	13	38.526 2	134	15	44.682 6	152	17	50.838 9	170	19	56.995 3	188	21	63.151 6
117	14	41.492 4	135	16	47.649 0	153	18	53.805 1	171	20	59.961 5	189	22	66.117 9
118	14	41.506 4	136	16	47.662 7	154	18	53.819 1	172	20	59.975 4	190	22	66.131 8
119	14	41.520 4	137	16	47.676 7	155	18	53.833 1	173	20	59.989 4	191	22	66.145 8
120	14	41.534 4	138	16	47.690 7	156	18	53.847 1	174	20	60.003 4	192	22	66.159 8
121	14	41.548 4	139	16	47.704 7	157	18	53.861 1	175	20	60.017 4	193	22	66.173 8
122	14	41.562 4	140	16	47.718 7	158	18	53.875 1	176	20	60.031 4	194	22	66.187 8
123	14	41.576 4	141	16	47.732 7	159	18	53.889 1	177	20	60.045 5	195	22	66.201 8
124	14	41.590 4	142	16	47.740 8	160	18	53.903 1	178	20	60.059 5	196	22	66.215 8
125	14	41.604 4	143	16	47.760 8	161	18	53.917 1	179	20	60.073 5	197	22	66.229 8
126	15	44.570 6	144	17	50.727 0	162	19	56.883 3	180	21	63.039 7	198	23	69.196 1
127	15	44.584 9	145	17	50.740 9	163	19	56.897 2	181	21	63.053 6	199	23	69.210 1
128	15	44.598 6	146	17	50.754 9	164	19	56.911 3	182	21	63.067 6	200	23	69.224 1

注　对于标准直齿圆柱齿轮,公法线长度 $W_k = W_k^* m$,W_k^* 为 $m=1$ mm、$\alpha=20°$时的公法线长度。

表 9-63　齿厚偏差　　　　　　　　　　　　　　　　　　(单位:μm)

偏差	第Ⅱ公差组精度等级	法向模数 m_n/mm	分度圆直径/mm					
			≤80	>80~125	>125~180	>180~250	>250~315	>315~400
齿厚允许的上极限偏差 E_{sns} 及下极限偏差 E_{sni}	7	≥1~3.5	$\mathrm{HK}\binom{-112}{-168}$	$\mathrm{HK}\binom{-112}{-168}$	$\mathrm{HK}\binom{-128}{-192}$	$\mathrm{HK}\binom{-128}{-192}$	$\mathrm{JL}\binom{-160}{-256}$	$\mathrm{KL}\binom{-192}{-256}$
		>3.5~6.3	$\mathrm{GJ}\binom{-108}{-180}$	$\mathrm{GJ}\binom{-108}{-180}$	$\mathrm{GJ}\binom{-120}{-200}$	$\mathrm{HK}\binom{-160}{-240}$	$\mathrm{HK}\binom{-160}{-240}$	$\mathrm{HK}\binom{-160}{-240}$
		>6.3~10	$\mathrm{GH}\binom{-120}{-160}$	$\mathrm{GH}\binom{-120}{-160}$	$\mathrm{GJ}\binom{-132}{-220}$	$\mathrm{GJ}\binom{-132}{-220}$	$\mathrm{HK}\binom{-176}{-264}$	$\mathrm{HK}\binom{-176}{-264}$
	8	≥1~3.5	$\mathrm{GJ}\binom{-120}{-200}$	$\mathrm{GJ}\binom{-120}{-200}$	$\mathrm{GJ}\binom{-132}{-220}$	$\mathrm{HK}\binom{-176}{-264}$	$\mathrm{HK}\binom{-176}{-264}$	$\mathrm{HK}\binom{-176}{-264}$
		>3.5~6.3	$\mathrm{FG}\binom{-100}{-150}$	$\mathrm{GH}\binom{-150}{-200}$	$\mathrm{GJ}\binom{-168}{-280}$	$\mathrm{GJ}\binom{-168}{-280}$	$\mathrm{GJ}\binom{-168}{-280}$	$\mathrm{GJ}\binom{-168}{-280}$
		>6.3~10	$\mathrm{FG}\binom{-112}{-168}$	$\mathrm{FG}\binom{-112}{-168}$	$\mathrm{FH}\binom{-128}{-256}$	$\mathrm{GH}\binom{-192}{-256}$	$\mathrm{GH}\binom{-192}{-256}$	$\mathrm{GH}\binom{-192}{-256}$
	9	≥1~3.5	$\mathrm{FH}\binom{-112}{-224}$	$\mathrm{GJ}\binom{-168}{-280}$	$\mathrm{GJ}\binom{-192}{-320}$	$\mathrm{GJ}\binom{-192}{-320}$	$\mathrm{GJ}\binom{-192}{-320}$	$\mathrm{HK}\binom{-256}{-384}$
		>3.5~6.3	$\mathrm{FG}\binom{-144}{-216}$	$\mathrm{FG}\binom{-144}{-216}$	$\mathrm{FH}\binom{-160}{-320}$	$\mathrm{FH}\binom{-160}{-320}$	$\mathrm{GJ}\binom{-240}{-400}$	$\mathrm{GJ}\binom{-240}{-400}$
		>6.3~10	$\mathrm{FG}\binom{-160}{-240}$	$\mathrm{FG}\binom{-160}{-240}$	$\mathrm{FG}\binom{-180}{-270}$	$\mathrm{FG}\binom{-180}{-270}$	$\mathrm{FG}\binom{-180}{-270}$	$\mathrm{GH}\binom{-270}{-360}$

注　(1) GB/Z 18620.2—2008 给出了齿厚偏差与公法线长度偏差的关系式:

公法线长度上极限偏差　$E_{bns} = E_{sns}\cos\alpha_n$

公法线长度下极限偏差　$E_{bni} = E_{sni}\cos\alpha_n$

(2) 本表不属于国标规定,仅供参考。表中数值适用于一般传动。